国家自然科学基金青年科学基金项目(52004120)

系统故障演化过程的数学描述与智能分析方法

崔铁军　李莎莎　著

中国矿业大学出版社
·徐州·

内 容 提 要

本书是系统故障演化过程研究的一次阶段性总结,主要介绍了空间故障树理论基础和智能化空间故障树的理论基础与应用研究成果。本书共分6章,主要内容包括:绪论、空间故障树理论基础、智能化空间故障树理论、空间故障网络理论、系统运动空间与系统映射论、研究总结与展望。

系统故障演化过程普遍存在于各类系统之中,是研究系统失效过程的关键,也是安全科学的理论发展。本书可供相关专业的科研人员阅读,也可供安全工程专业研究生参考。

图书在版编目(C I P)数据

系统故障演化过程的数学描述与智能分析方法/崔

铁军,李莎莎著. —徐州:中国矿业大学出版社,

2024.4

ISBN 978 - 7 - 5646 - 6198 - 4

Ⅰ.①系… Ⅱ.①崔… ②李… Ⅲ.①安全系统工程

—研究 Ⅳ.①X913.4

中国国家版本馆 CIP 数据核字(2024)第 062310 号

书　　　名	系统故障演化过程的数学描述与智能分析方法
著　　　者	崔铁军　李莎莎
责任编辑	陈红梅
出版发行	中国矿业大学出版社有限责任公司
	(江苏省徐州市解放南路　邮编221008)
营销热线	(0516)83885370　83884103
出版服务	(0516)83995789　83884920
网　　　址	http://www.cumtp.com　E-mail:cumtpvip@cumtp.com
印　　　刷	徐州中矿大印发科技有限公司
开　　　本	787 mm×1092 mm　1/16　印张 11.25　字数 214 千字
版次印次	2024 年 4 月第 1 版　2024 年 4 月第 1 次印刷
定　　　价	40.00 元

(图书出现印装质量问题,本社负责调换)

前　　言

　　系统故障演化过程普遍存在于各类系统之中,是以系统功能状态为目标的功能状态变化表示和度量的过程。系统故障演化过程从结构上可分为经历事件、影响因素、逻辑关系和演化条件。经历事件是演化过程的主体,也是演化的施动者和承受者,更是演化过程存在的实体。影响因素不仅影响事件完成预定功能的能力,而且影响系统故障演化过程,使演化过程呈现多样性。逻辑关系是演化过程中各事件之间的影响关系,代表了事件之间的作用方式。演化条件是演化过程中原因导致结果的条件。当然,除了上述四要素外,仍然可能抽象出其他要素,但目前上述要素依然是构建系统故障演化过程的主要要素。

　　显然,系统故障演化过程受到经历事件、影响因素、逻辑关系和演化条件共同作用,表现出模糊性、离散型和随机性等不确定特点,给科学研究带来了巨大困难。因此,必须构建系统层面对系统故障演化过程描述的数学方法。在前期研究中,我们提出了空间故障树理论基础和智能化空间故障树,虽然能够解决实际问题,但对系统故障演化过程仍然难以描述。随后,我们提出了用空间故障网络理论解决上述问题;同时,结合智能理论方法,建立了适合于系统故障演化过程的智能分析方法。

　　本书共分 6 章:第 1 章系统故障演化过程及空间故障树理论概述,介绍了相关理论的研究现状以及空间故障网络理论的发展历程。第 2 章阐述了空间故障树理论基础,包括了研究概况,连续型空间故障树和离散型空间故障树的起源、概念、定义、方法等,以及需要的故障数据挖掘方法。第 3 章阐述了智能化空间故障树理论,构建了云化空间故障树,给出了概念、定义和方法;基于因素空间等理论,研究了可靠性与影响因素的关系,提出了原始的系统可靠性结构分析方法;最后应用云模型研究了系统可靠性。第 4 章阐述了空间故障网络理论,论述了空间故障网络与系统故障演化过程的关系;引入量子力学的量子博弈方法实现了系统故障状态表示和故障过程分析;使用集对分析理论实现了空间故障网络的故障模式识别和特征分析;结合量子态叠加分析了系统安全状态。第 5 章阐述了系统运动空间与系统映射论,揭示了研究的初衷,给出了系统运动空间的概念、形式和作用;通过系统映射论描述了人的智慧活动,展现了已有的研究成果。第 6 章对全书进行了总结和展望。

本书重点展示了空间故障树理论体系的研究过程和现有成果,特别是通过空间故障网络研究系统故障演化过程的方面;同时,介绍了空间故障树理论体系中现有的空间故障树理论基础、智能化空间故障树、空间故障网络理论、系统运动空间与系统映射论的现有成果,突出了研究的目的和意义,揭示了理论的起源和发展过程。

本书出版得到了国家自然科学基金青年科学基金项目(52004120)的资助。

书中引用了部分国内外已有著作的成果,在此向文献作者及相关人士表示感谢!

限于作者水平和学识,书中难免存在疏漏之处,敬请读者不吝指正。

著 者

2023 年 12 月

目　　录

第1章　绪　　论

　　系统故障演化过程（system fault evolution process，SFEP）普遍存在于生产和生活的方方面面，小到日常生活，大到航天航空、国防和造船业都蕴含着系统故障演化过程。更本质的是，任何存在事物都是一个系统，不同的事物对应的系统可能是不同层级的系统。它们与周围系统或者并列，或者包含，或者被包含。那么，任何一个系统变化都可影响到包含这个系统的更大系统。同样，系统变化也是由于内部子系统的结构和功能变化导致的。系统可分解为子系统及其组成系统的结构，只要其子系统或系统结构发生变化，该系统就会发生改变。要定义系统改变，就要从系统的定义出发，系统是需要完成一定目的的有机整体。为了完成这个目的，需要子系统按照一定结构组建该系统。因此，可以将系统能否完成设计目的作为系统是否变化、是否合格的衡量标准。上述系统完成功能的情况称为可靠性，对应的系统可靠性变化可通过系统故障进行诠释。

　　系统故障的发生不是一蹴而就的，而是一种演化过程。当然，这里的演化并不单指时间过程，也包含了系统运行过程中各种因素导致系统发生故障或事故的情况。那么，系统故障演化过程在宏观上可描述为多个事件按照一定逻辑顺序相继发生的过程；在微观上可描述为事件之间两两因果关系作用，即系统故障演化过程的概念。一方面，由于系统故障演化过程具有其自身特点，使用现有系统分析方法难以适用，给系统故障演化过程的研究带来困难；另一方面，如前所述，系统故障演化过程无处不在，其研究在理论和应用层面意义重大。

1.1　相关理论的研究现状

1.1.1　系统故障的研究现状

系统故障的相关研究是安全科学理论的重点研究领域。虽然系统工程理论出现于 20 世纪五六十年代,但是随着现代科技和理论的发展,研究方法和方式有了较大的变化。借助于数学理论和智能技术,研究系统故障的数学方法和智能分析方法有了明显进步。下面介绍近年来系统故障的研究成果。

崔铁军等[1]从导致系统故障的基本原因出发,考虑系统故障过程,提出了一种基于突变级数和改进层次分析(AHP)法的系统故障状态等级确定方法;同时,根据改进的 AHP 法、突变级数法确定的各事件权重和分值,给出了系统故障状态等级确定方法的具体步骤,解释了各方法耦合工作的机制,为系统故障状态等级的确定提供了参考依据。

田恒等[2]针对传统离散粒子群优化(PSO)算法仅能搜索多值属性系统(MVAS)最小完备测试集的问题,通过重塑离散 PSO 算法,提出了一种测试序列寻优算法——PSO-TS(测试)算法;同时,通过引入交换序提升 PSO-TS 算法中粒子的多样性,并采用实例和随机仿真实验验证 PSO-TS 算法;同时,从而获得较优的诊断策略。

陈晓东等[3]提出基于输入-状态稳定(ISS)理论的双馈风机控制器设计方法,利用平方和约束构造局部输入-状态稳定控制李雅普诺夫函数(LISS-CLF),并通过上述得到的 LISS-CLF 构造鲁棒局部输入-状态稳定控制律,以提高双馈风机系统的故障穿越能力,有效地为电网提供了电压与无功功率支撑。

王华昕等[4]针对直流侧过电压、电流的问题,提出了在直流母线侧加装改进过压限制器及在换流站接口端并联接入双向晶闸管的方法,实现了分级抑制直流侧过电压和隔离交流侧母线馈入的故障过电流,提高了系统保护的限压水平,以确保换流站设备及线路的安全性。

李娟莉等[5]为充分利用矿井提升机监测数据判别提升机的运行状态及对其进行故障诊断,引入了深度学习方法到提升机的故障诊断中,提出了一种基于卷积神经网络(convolutional neural network,CNN)的提升机制动系统故障高准确率的诊断方法,可实现不受主观干预进行诊断。

李英顺等[6]针对炮控系统测试信号成分复杂、数据量少的问题,提出一种基于 DLH 搜索策略改进的灰狼算法优化支持向量机的模型预测方法。研究表明,对采集的原始数据进行灰色关联度分析处理,选出灰色关联度较高的属性参数构建数据集,可实现对原始数据参数的约简以及对测试集的故障预测。

余伟等[7]针对闭环系统的故障诊断问题,从鲁棒控制理论中的系统间隙度量这一新的视角出发,利用其特别适合于闭环性能度量的根本特性,采用互质分解技术建立了包含不确定性和扰动的系统数学模型,实现了闭环系统的故障监测和故障分级问题的有效解决。

盖文东等[8]针对无人机非线性系统故障检测问题,提出一种新的动态事件触发 H_i/H_∞ 故障检测方法,实现了在动态事件触发条件下,故障检测滤波器残差与事件传输误差完全解耦,能够避免连续通信和芝诺(Zeno)现象,在 H_i/H_∞ 优化框架下,通过黎卡提(Riccati)方程递归计算,得到动态事件触发故障检测滤波器的最优解。

崔铁军等[9]为了研究多因素影响下系统在不同因素变化过程中的故障概率变化范围,提出了一种基于 BQEA① 的分析方法;利用 BQEA 具有 3 条基因链且能容纳多个量子的特点,将因素与量子对应、因素变化与量子状态变化对应,实现了在空间故障树框架内确定系统故障概率的变化范围。

王子赟等[10]针对受不确定噪声扰动影响的切换系统故障诊断问题,提出了一种基于多胞空间可行集滤波的切换系统故障诊断方法,分析了多胞空间与采样数据所属带空间的相容性以及数据样本与所有子模型的一致性;利用模型匹配原则设计了滤波器,完成了切换系统的故障诊断过程。

朱燕芳等[11]通过对深度卷积神经网络的深入研究,提出了基于深度卷积神经网络的电力系统故障预测方法;通过特征值分组、振荡模式筛选、数据预处理、模型训练和模型评估,实现了电力系统运行状态评估,完成了电力系统故障预测。

孙哲等[12]基于以深度学习为代表的数据驱动方法的应用,提出了一种基于知识数据化表达的故障诊断方法;通过将故障诊断先验知识以数据化的形式表达弥补真实标记数据不足的难题,实现了数据驱动完全无须标记数据的效果。

谢小良等[13]采用将三角模糊数与概率安全分析相结合形成的系统分析方法,查明导致疫苗冷链系统失效风险的主要风险因素,并探讨了消除或降低这些风险因素的对策;通过一系列量化分析,确定系统故障的发生主要有制冷设备故障风险、运输设备故障风险和冷链装载风险三大风险。

张鹏等[14]为研究电机系统故障诊断方法,提出了一种基于长短时记忆网络的交流电机系统故障诊断方法,不仅提高了电机系统故障诊断效率及准确率,而

① 量子位 Bloch(布洛赫)球面坐标的量子进化算法。

且能够保障交流电机系统安全运行。

杜子学等[15]针对空调系统故障数时间序列的预测问题,在分析故障数的周期性波动规律及变化趋势的基础上,结合 Census X12 季节调整方法,构建了季节性自回归积分滑动平均模型(X12-ARIMA 模型);同时,基于残差序列建立神经网络(BP)模型,得到了改进后 X12-ARIMA-BP 模型的预测值,有效提升了预测效果。

刘天山等[16]为解决水利信息化系统故障、监测数据或业务数据异常等问题,以水利数据传输链路分析为基础,建立了水利数据链路故障排查二叉决策树模型,配置了链路节点属性监控项;通过传统监控结合决策树推理的方法,实现了水利信息系统故障的快速定位。

陈书辉等[17]针对液压信号复杂且难以诊断的难点,提出了一种多尺度一维卷积神经网络与多传感器信息融合的深度神经网络模型(MS1DCNN-MSIF),可对液压泵与蓄能器进行故障诊断;同时,采用不同大小的卷积核对故障信号进行多尺度特征提取、多个传感器的特征信号融合、柔性最大传递函数(Softmax)分类识别等方法,提高了蓄能器、液压泵故障诊断性能和高精度识别。

全睿等[18]为了对燃料电池进行故障监测、保障系统正常运行、提高安全可靠性,采用门控循环单元神经网络建立燃料电池系统的输入/输出模型,将燃料电池系统实际输出电压与门控循环单元神经网络的预测电压进行比较产生电压残差,对电压残差进行评价判断燃料电池系统有无故障,从而大大减少了网络参数量。

夏琳玲等[19]为了提高水轮机调速器电液随动系统运行可靠性、解决系统运行过程中常见故障在初发阶段难以判断的问题,提出了一种基于SimHydraulics软件的水轮机调速器电液随动系统故障仿真与分析方法,能够实现直观判断出不同故障发生的位置、原因以及对系统运行的影响程度,可为后续检修及预防工作提供有效理论依据。

王思华等[20]为了提高风电机组变桨系统故障诊断的准确性,提出了一种基于批标准化的堆叠自编码(SAE)网络故障诊断模型。研究表明,优化后的 SAE 网络模型故障识别率更高,在风电机组故障诊断领域提升了应用价值。

李海锋等[21]针对计及不同换流站的控制特性,提出了一种适用于多端混合直流输电系统的故障暂态解析计算方法;基于 PSCAD/EMTDC 电磁暂态仿真软件,搭建了三端混合直流输电系统模型,提高了故障暂态计算的准确性和快速性。

王淼等[22]为解决直流自耦变压器(DCAT)器件损坏和故障扩散的问题,提出了一种故障保护型直流自耦变压器(FP-DCAT),在分析 FP-DCAT 工作原理基础上,研究了 FP-DCAT 系统的故障机理,并提出了相应的故障保护方案。研究表明,FP-DCAT 系统可有效实现故障保护,确保 FP-DCAT 系统在城市轨道交通中安全、可靠地运行。

周登波等[23]混合多端直流输电系统通过各直流断路器配合实现运行方式转换、隔离故障以及保护等功能,研究各种故障后直流断路器动作特性,构建了昆柳龙(昆北—柳州—龙门)特高压三端混合直流系统及直流断路器 PSCAD/EMTDC 仿真模型,遍历系统交流侧、站内及直流侧典型故障;针对不同故障恢复过程中断路器动作特性进行分析,为系统运维、调度提供参考和依据。

尽管以上研究虽然取得了丰硕的成果,但是在系统层面仍然缺乏通用的分析方法和理论基础。

1.1.2 故障演化过程的研究现状

前文提到的故障演化过程是系统故障状态变化的过程,也是研究系统故障状态的基础。系统故障演化过程的结构复杂,不同领域的系统故障演化具有不同的特征。这使得系统故障演化出现多样性,给系统故障的研究带来困难。下面介绍近年来关于各类系统故障演化过程的研究成果。

黄植等[24]基于事件驱动模型提出配电信息物理系统架构,分析了物理与信息系统的交互机理,提出了信息物理连锁故障演化机理研究框架;对信息系统内部节点重要度进行研究,综合考虑了系统总风险值与防御资源,计算了信息节点被攻击成功概率等相关参数并建立了相关矩阵,验证了所提机理在故障过程推演和后果计算上的有效性。

张晶晶等[25]为了更准确地对交直流电力信息物理系统(CPPS)连锁故障进行仿真,提出了考虑多时间尺度和控制措施时间特性的交直流 CPPS 连锁故障演化模型,分析了不同信息失效原因对事故链的影响,验证了基于多时间尺度的交直流 CPPS 连锁故障模型的有效性。

刘依晗等[26]为了研究跨域连锁故障的演化机理与主动防御机制、解决跨越信息域与电力域的连锁故障,提出了考虑新型电力系统特性的跨域连锁故障主动防御模式,并且建立了最优主动防御方案决策模型,为跨域连锁故障主动防御提供技术方案。

胡福年等[27]为了在连锁故障中识别电网潜在脆弱线路,基于复杂网络理论和电力系统实际特性,以线路视在功率值为线路流量,提出了一种交流潮流连锁故障模型;从网络局部、全局和潮流功能特性 3 个方面分别提出电气入度中心性、电气出度中心性、电气介数中心性和加权电网潮流转移熵 4 个指标,以此辨识脆弱线路。

崔铁军等[28]为了探究系统故障演化过程(SFEP)中系统故障的发生特征,基于空间故障网络(SFN)和量子博弈理论,提出了最终事件状态及发生概率确定方法;以管理者和操作者的安全和不安全行为制定博弈假设,通过量子力学方法表示混合策略概率,研究了单一事件混合策略的概率、事件逻辑关系的量子博弈表示、最终事件状态形式及发生概率。

乔正阳等[29]为了研究带有切换拓扑和随机故障影响的Cucker-Smale模型的集群演化特点,在切换时间间隔和故障概率满足一定约束条件下,模型产生了复杂的集群演化行为,得到了其中集群收敛速度随着故障概率的增加会显著减慢的结果。

李果等[30]针对小样本多源信息故障预测时存在的参数模型难以建立和预测结果不准确等问题,改进了神经网络训练算法,设计了初级概率预测器进行故障概率预测;对初级预测结果进行演化趋势要素计算分析,提出了修正函数对预测结果进行二次修正,并且利用某型发动机的工作参数数据和音频信息进行了算法验证。

王宇飞等[31]为了准确预警由协同网络攻击引发的电网级联故障(CFCC),提出了一种容忍阶段性故障的预警方法;通过分析CFCC预警的目标,设计了容忍阶段性故障的CFCC预警方法;利用动态计算的网络攻击预测误差与阶段性故障观测误差作为预警的信息物理协同判据,得到了可以逐渐缩小预警解集合的规模以判别CFCC类型及演化趋势。

王佳霖等[32]为了研究停电事故发展机理,从事故演化过程中电网各节点电压变化入手,依据元胞自动机理论进行建模;同时将节点作为元胞,根据静态电压稳定性理论定义了元胞状态以及转换规则,建立了一种考虑节点静态电压稳定性的电网元胞自动机故障演化模型,并定义了电压稳定裕度指标。

陈晓坤等[33]针对穿管铜导线过电流故障熔化痕迹难以识别的问题,利用电气故障模拟及痕迹制备试验装置,模拟了$4\sim7$倍额定电流I_e下穿管铜导线过电流故障,划分了过电流故障传热特征阶段,分析了电流对碳烟析出、熔断时间、熔痕体积和熔痕数量的影响,探究了过电流故障熔痕金相组织特征,为火灾事故调查中识别与鉴定穿管铜导线过电流故障痕迹提供参考依据。

崔昊杨等[34]为了解决现有演化预测方法所需的评估参量获取困难、预估时间偏差较大等问题,通过改进的全状态集成法模型,进行了电力设备多光谱图像融合及多参量影响的故障渐变规律演化预测研究;通过红外检测图像与红外标准图库匹配以及红外-可见光的图像融合的方式从非结构化的图像数据中提取设备关键构件温度参量,有效地识别了设备并对热缺陷进行定位和分类评估,预测设备的运行状态随负荷、环境变化的趋势。

徐红辉等[35]针对当前高速公路机电设备智能维护的需求,设计了基于故障状态演化的高速公路机电设备智能维护系统;基于故障状态演化的故障预测诊断混合模型,实现了高速公路机电设备故障检测以及智能感知、网络传输、信息整合和应用服务功能。

范海东等[36]针对火力发电过程故障变量之间的故障传递关系及根源故障变量,采用稀疏演化判别分析方法(FDFDA)隔离火电过程中的故障变量,并且利用格兰杰因果分析对隔离到的故障变量进行分析,实现了追溯故障根源的目的。

万蔚等[37]为了量化道路交通网络故障演化规律,基于耦合映像格子(CML),提出了交通网络级联失效分析方法;采用 L 空间法,分析了通州市区城市道路网络特性;在综合考虑道路网络拓扑特性及流量特性的影响基础上,提出了基于 CML 的道路网络故障演化模型,仿真分析了不同挠动值、不同耦合强度组合下道路网络级联失效的影响规律。

应雨龙等[38]针对瞬态变工况下气路故障预测诊断的基础问题,提出了瞬态变工况下燃气轮机自适应气路故障预测诊断方法研究路线,为实现复杂强非线性热力系统故障诊断与预测提出新方法。

王洁等[39]为了解决在修复约束期限内完成电路演化的问题,提出一种基于演化硬件的实时系统容错架构;通过建立故障树实时监测电路故障,利用故障补偿机制维持系统正常运行,并采用演化硬件技术修复电路故障,实现了故障的在线实时修复,有效地提升了系统的稳定性和可靠性。

方志耕等[40]针对大型民用飞机故障诊断的准确性和智能性,结合大型民机系统的自身物理结构、可靠性框图以及运行逻辑关系出发,运用相关的数学、计算机和大数据技术,基于大型民用飞机的故障模式,设计了相应的故障诊断算法,构建了整个民用飞机故障智能诊断网络框架。

彭苑茹等[41]为了同时保证设备承租方对租赁设备的可用度以及优化设备出租方的设备维护成本,提出了基于故障状态的定周期检测的多维护方式策略;通过数学建模和数理统计方法,利用 MATLAB 仿真进行算例分析,将其与定周期单一预防性维护策略进行对比,证明了对租赁设备进行定周期多策略维护。

丁明等[42]为充分考虑连锁故障中不同物理现象和对策的时间特性,提出了一种基于多时间尺度的连锁故障演化模型。该模型根据连锁故障过程中不同物理现象和对策的时间特性,将连锁故障划分为 3 种时间尺度过程,分析了连锁故障演化特点和风险变化以及连锁故障中控制措施对连锁故障风险的影响。

同样,由于不同系统的特点不同,研究者采用的方法也不同。又由于其缺乏统一的系统故障演化过程描述和分析方法,导致研究成果缺乏通用性,应从系统故障演化过程的结构出发研究系统故障演化过程。

1.1.3　演化的数学描述

系统故障演化过程在结构上可划分为一些要素,如经历事件、影响因素、逻辑关系和演化条件,但仍缺乏能描述这些要素以及描述系统故障演化过程的方法和模型,这需要通过数学描述解决。数学描述是将实际问题抽象为数学问题的关键。下面列出最新的各类演化问题的数学描述方法和数学模型的研究成果。

马舒琪等[43]为了消除古建筑群火灾安全隐患、增强预防扑救能力,采用解释结构模型(ISM)和动态贝叶斯网络(DBN)相结合的方法对古建筑群火灾全过程风险因素和演化规律进行分析,建立了火灾风险因素层级架构;使用 DBN 构建古建筑群火灾情景推演路径,挖掘了主要环节深层风险因素。

宋英华等[44]为了量化分析化工园区内火灾爆炸事故的风险因素,从"情景-应对"研究视角出发,提出基于模糊贝叶斯网络的化工园区火灾爆炸事故情景推演方法;通过构建模糊贝叶斯网络模型,运用 Netica 软件进行分析,得出了各要素的发生概率。

程慧锦等[45]采用演化博弈模型和系统动力学相结合的方法探讨不同治理措施情景下的供应链企业社会责任决策问题,运用仿真分析的方式,分析并总结了供应链各环节企业决策之间存在的相互影响作用。

徐成司等[46]针对分析区域能源网的演化规律和形态特征,提出了一种考虑城镇生长特性的区域能源网演化模型,得到了其演化所得区域能源网符合城镇和负荷的生长特性,验证了演化模型的合理性。

路冠平等[47]为了研究新冠肺炎疫情危机对经济造成的非均衡、非线性冲击,建立了一个基于交易经济学理论的交易网络模型,并在其基础上模拟了新冠肺炎疫情危机事件冲击引发经济萧条的演化过程。研究表明,疫情冲击过后,经济恢复可能出现稳定恢复、缓慢衰退和二次危机 3 种模式,同时提出了降低危机影响的相关政策建议。

胡彪等[48]为了探究在 EPR(生产者责任延伸)制度下地方政府和铅蓄电池生产商之间的关系,分别在静态和动态奖惩机制下构建了地方政府和铅蓄电池生产商演化博弈模型,研究了政府监管对生产商实施 EPR 制度的影响。

刘阳等[49]针对不同地区的公众情绪的演化过程,调查了新冠肺炎疫情下不同风险地区的公众情绪变化,通过等级比较法得到了不同风险地区公众在不同阶段的恐惧情绪水平,构建了公众恐惧情绪演化模型,并划分为潜伏期、爆发期和延续期 3 个时期;同时,比较分析了公众恐惧情绪演化的共同特性和差异,为合理引导公众情绪提出信息发布策略。

陆晓敏等[50]为了研究新药专项的管理如何实现有为政府与有效市场,基于政府-市场的二元管理框架,从政府失灵与市场失灵出发,识别需要实现对知识、人员、时间要素的综合管控是新药专项管理的关键成功要素,通过推演得出主要发力点在于降低决策误差和加强成果实现的结论。

曹佳梦等[51]为了生态风险管理提供可靠的辅助决策,以重庆市为研究对象,基于驱动力-压力-状态-影响-响应模型,构建了重庆市生态风险预警指标体系;同时,采用正态云模型和集对分析法,定量分析了重庆市生态风险时空分异特征和演化趋势。

丁锐等[52]从综合交通复杂网络视角出发,运用Space-L网络模型建立了轨道交通拓扑网络;将网络特征测度、可达性分析、可靠性分析纳入空间关联效应研究范围,分析了贵阳市轨道交通网络演化对城市空间关联效应的影响。

霍鹏[53]通过构建集聚综合测度模型,探索了我国地级及以上城市知识密集型服务业空间集聚的动态演化趋势,采用地理加权回归模型揭示了知识密集型服务业空间集聚的驱动因素。

成连华等[54]为了揭示煤矿瓦斯爆炸风险在事故发展中的演化过程,分析了289起瓦斯爆炸事故调查报告;基于"5W"分析法提取风险因素,实现了风险因素分类与分级;引入Pearson算法,应用SPSS21.0分析风险耦合,依据风险因素间的时序关系和逻辑顺序,构建了风险演化路径。

刘明义等[55]为了实现生态系统的演化研究,依托当前流行的开源服务生态系统ProgrammableWeb,利用带权重的度修正随机块模型对服务生态系统进行建模,提出了面向服务生态整体层面的演化点发现算法、面向服务社区层面的社区演化事件检测算法、面向服务个体的个体发展阶段划分算法。

张轩宇等[56]为了揭示敌意媒体效应对舆论形成的影响作用、探究舆论群体和大众媒体之间的互动机制,提出了一种考虑媒体敌意和意见领袖的观点演化模型,认为媒体的真实观点、群体与媒体的交流概率、极端意见领袖的比例等因素都会调节群体的极化程度。

陶力军等[57]为了实现变压器设备故障状态的高效评估,从变压器故障机理的关联性和复杂性特征出发,建立了基于多元物理场耦合与模糊理论的变压器故障演化评估模型;引入风险熵表征变压器故障演化的不确定性,提出了变压器故障演化路径最大概率表达式,并将其转化为线性规划问题,进而得到不同初始风险因素下变压器最大概率故障演化路径。

葛宇然等[58]为了研究城市交通流短时时空维的变化规律,提出了一种层次化的动态模型框架JST-DHNet;采用注意力机制将不同尺度的时空联合特征进行融合,对复杂连续交通流建模和演化过程进行描述。

李慧等[59]为了挖掘学科领域研究主题随时间的演变情况,运用主题热度、密度和紧密中心度计算主题重要性,利用语义相似度挖掘相邻时间段的关联主题,结合主题重要性波动与相似度判定话题演化类型,识别主题演化路径,得到了各时间段之间的主题融合与分裂发展。

贾芳菊等[60]针对突发公共卫生事件中地方政府和社会公众策略互动与行为演化过程中的高度不确定性问题,构建了突发公共卫生事件协同防控随机演化博弈模型,分析了疫情防控背景下地方政府和社会公众的演化稳定策略和演化过程。

郑玉馨等[61]针对出行者的路径选择行为和对诱导信息的信任决策问题,提出了一种交通流逐日演化模型,论证了路径选择行为和信息信任决策与交通流演化的收敛性和稳定性之间的联动关系。

黄小光等[62]运用一种低周疲劳的损伤演化模型以及 ABAQUS 二次开发损伤 UMAT 子程序,模拟了 X65 钢缺口试样疲劳损伤演化规律,统计了裂纹萌生寿命与最大应力之间的关系,分析了裂纹萌生寿命对缺口形貌的敏感性。

以上研究表明,建立系统故障演化过程的数学模型、使用数学方法对演化过程进行描述是实现理论构建的关键。上述文献的研究成果为解决系统故障演化过程的数学抽象提供了基础,也为本书的研究提供了有益借鉴。

1.1.4 系统故障的智能分析

系统故障演化过程虽然可分解为四要素,但由于目前的理论、方法、技术和工具所限,研究过程中必然存在不确定性。这些不确定性包括四要素的模糊性、离散性、随机性所构成的不确定性,以及系统状态的可靠与失效转化的矛盾性,这样就需要借助先进的智能分析方法开展研究。因此,我们要将智能分析理论融入系统故障演化过程的研究中。下面列出在系统故障分析过程中运用智能方法获得的研究成果。

李强[63]在铁路信号设备种类多样化、信号系统结构复杂化的发展背景下,开发了一种更加智能和实用的集中诊断与故障分析系统;基于功能需求导向从数据采集与分析、关键数据对比和应急指挥作业管理等方面,概述了铁路信号设备集中诊断与智能分析系统的功能,实现了有效验证轨道、道岔和信号机工作状态查询功能,报警查询与统计通能,以及工作量和状态量测试功能。

刘婷等[64]为了深入分析水利工程施工事故原因,提出了一种结合变压器双向编码表示(BERT)和双向长短时记忆模型(BiLSTM)的混合深度学习模型;混合模型的上游采用 BERT 模型生成事故文本的字符级动态特征向量,模型下游基于改进的 BiLSTM 模型挖掘事故报告文本的语义特征,可实现事故报告文本智能分析。

宿星会等[65]针对火力发电厂制粉系统中磨煤机长期处于恶劣的工作环境且相关状态监测理论发展不完备、导致实际运行中磨煤机的状态不能得到有效预测等问题,设计了一种基于 LMBP 算法和时间序列预测理论的神经网络预测模型;通过选取合适的特征参数在 MATLAB 中完成对应预测模型的构建,分别对正常状态下的磨煤机出口温度模型和少煤故障状态下的磨煤机电流模型进行试验,为磨煤机故障与非故障状态下的运行状态分析判断提供了有效的技术支撑。

王俊淞等[66]为了实现安全管理业务信息集成化、智能化、可视化、精细化,提升智能安全管控水平,基于智能安全管控体系理论,结合水电工程安全管理特点,通过移动互联、物联网、云平台、大数据、人工智能等前沿技术与安全管理深度融合,建立了自动感知、自动分析、自动预警、互动决策的安全管控系统。

李刚等[67]结合数据融合、道岔智能诊断、轨道电压曲线智能分析和故障预测与健康管理等关键技术,提出了设备综合监测、全生命周期管理、智能故障诊断、综合运维分析、生产作业管理、应急调度指挥、设备故障预测与健康管理、车地一体化分析等 8 种系统功能设计,为提升高速铁路信号运维水平、转变电务运维方式提供参考。

陈培珠等[68]为了探究园区应急响应全过程中各 Agent 的决策模型及其信息协同关系,基于混合式多 Agent 系统思想,构建了化工园区多 Agent 协同应急智能决策体系;提出混合式智能决策体系框架,构建了基于三层应急智能决策模型的化工园区多 Agent 信息共享关系与协同模式,为化工园区应急决策提供重要的理论基础和技术支持。

闫家伟等[69]为了实现对火灾事故的早期快速预警、对火灾隐患的准确排查与有效管理、为火灾事故的调查提供证据,运用智能视频分析技术再现火灾发生的全过程为火灾事故的预防、扑救、调查、追责等提供技术支持,有效地提升了火灾防控的有效性和可靠性。

齐庆杰等[70]基于系统科学和安全工程理论,分析了煤炭行业安全生产事故隐患分布特征,明确了事故隐患存在的重点岗位、危险工艺、关键环节以及事故隐患类别,提出了"十四五"及今后更长时期从根本上消除煤矿事故隐患科技支撑的发展目标与路径;在分析隐患治理技术发展现状、问题和趋势基础上,提出了煤炭行业"从根本上消除事故隐患"的总体思路,构建了煤矿安全生产事故隐患消除科技支撑体系,提出了科技支撑主要任务;基于源头治理、系统治理、综合治理和精准治理的安全理念,提出了煤炭行业"十四五"期间"从根本上消除事故隐患"的科技支撑对策。

陈梓华等[71]针对现有煤矿安全隐患信息采集系统语义特征提取效率不高、数据采集智能化程度低等问题,提出了一种基于改进循环神经网络(RNN)的煤矿安全隐患信息关键语义智能提取系统,实现了煤矿安全隐患关键信息智能采集,提高了日常安全生产隐患排查效率,减少了煤矿安全事故的发生。

孙继平等[72]针对煤矿重特大事故声音特点,提出了煤矿井下瓦斯与煤尘爆炸、煤与瓦斯突出、冲击地压、水灾、顶板垮落等事故报警方法;根据各事故特点提出了多信息融合分析的灾害识别方法,减小工作面落煤、爆破作业、采煤设备、掘进设备、运输提升设备、供电设备、乳化液泵、水泵和局部通风机工作等产生的声音干扰。

张建刚[73]为了降低船舶碰撞冲突事故的发生概率、实现对海上交通环境的合理维护,提出人工智能技术下的船舶海上交通冲突自动预警方法。通过定性研究海上交通冲突数据的方式,计算出冲突概率的具体数值结果,实现了对船舶海上交通冲突事故的分析。

张晓华等[74]针对交直流混联电网跨区连锁故障问题,提出了融合知识图谱和机器学习算法的特征事件智能溯源及预测方法;基于深度优先搜索策略识别连锁故障演化路径,实现了连锁故障事故链的在线溯源和预测。

吕金壮等[75]基于数字电网统一框架,为解决目前对于直流主设备数据分析平台数据诊断和评估的不足,设计了一套直流主设备状态评估系统;通过对在线监测、巡检、试验等多源数据融合与规范化,划分评估对象部件、确定评估方式、划分状态等级、确定报警依据、判定评估与预警状态,实现了直流主设备的智能分析。

王翔等[76]针对现代电力通信网规模大、结构复杂、故障发生率越来越高的特点,提出了一种电力通信网故障定位智能分析方法。研究表明,采用交集运算进行设备故障的多类定位以及组合式模糊运算进行故障的通信载体定位,能够准确、快速地将故障定位在网络中地点位置、物理设备、逻辑电路和通信业务上,提高了电力通信网运行维护管理水平。

陈驰[77]针对运行电表故障智能分析问题,基于电力用户用电信息采集系统,对其采集到的大数据进行处理,利用数据挖掘工具建立了专家库并进行智能诊断,实现了对运行电表的状态评估。

张剑等[78]为了便于集控中心监控人员快速掌握系统运行状况并在异常情况下及时准确采取相关处理措施,设计了一种智能分析及故障告警系统,可作为集控站监控系统的高级应用模块,实现了快速判定故障位置并给出故障辅助决策。

夏可青等[79]提出一种利用多数据源信息实现电网故障实时综合分析的方法。该方法主要利用电力调度综合数据平台获取的能量管理系统、保护信息、故障录波等 3 个系统的电网故障信息，根据数据源不同的采集特性，采用分阶式故障诊断方法，分阶段利用不同算法对多数据源、多类型数据进行分析。

范洁等[80]为了研究电能计量装置异常智能分析方法，提出了规律性非连续算法和分类连续差值算法，可以有效地锁定电能计量装置运行异常及疑似用电异常用户，实现了准确识别电能计量装置运行异常，为电能计量装置异常排查提供了技术保障。

刘秋江等[81]为了解决华东电网发展过程中面临的电网数据来源庞杂、预警和故障信息分散等问题，提出了基于数据挖掘的一流调度智能信息分析与综合决策系统，实现了电网运行数据的智能分析和辅助决策功能，进一步强化了电网调度系统的智能化水平。

赵保平等[82]针对飞行器振动智能分析与诊断的问题，运用证据理论，提出了对飞行器等复杂系统进行分析诊断的一个新方法，初步完成了专家系统原型，并且通过引进功能特征描述概念再现了故障现象。

由于系统故障演化过程的不确定性和多样性，使用传统方法和技术难以进行研究，所以需要借鉴因素空间、泛逻辑学、信息生态学，甚至量子力学的思想和方法才能进行有效描述，这也是我们撰写本书的目的。

1.2　空间故障树理论的发展过程

自 2015 年以来，作者主要在安全科学基础理论及岩体和结构的非连续破坏理论方面开展了深入研究。

在安全科学基础理论方面，创新性地提出了空间故障树理论框架，包括空间故障树理论基础、智能化空间故障树、空间故障网络、系统运动空间与系统映射论 4 个部分，这些研究成果在国内外具有原始创新性。同时，在岩体和结构破坏理论方面，基于连续和离散理论对矿山岩体破坏过程和建筑结构破坏过程，作者进行了深入研究，提出了模拟各类灾害的数学模型，这部分与本书研究方向差别较大，不再赘述。

本书在总结现有研究内容成果的基础上，主要研究内容如下：

（1）考虑到实际系统运行特点，认为系统工作于环境之中。由于组成系统元件的材料物理性质可能随环境因素的改变而改变，因此环境因素的改变将直接导致系统实现功能的能力改变，需要能够表征多因素对系统故障影响程度和特征的方法和技术。

为了解决上述问题所提出的空间故障树理论基础是空间故障树理论框架的第一部分。空间故障树理论基础可在多因素影响下分析系统可靠性和故障状态变化,实现多因素耦合下系统故障状态、因素重要度、连续和离散故障数据的表示、分析和处理。

其研究内容包括:确定故障发生概率空间分布、概率重要度空间分布、关键重要度空间分布、故障发生概率空间分布趋势、元件更换周期、系统更换周期、因素重要度和因素联合重要度分布等的方法;确定元件和系统在不同因素影响下的故障概率变化趋势、系统最优更换周期方案及成本方案、系统故障概率的可接受因素域、因素对系统可靠性影响的重要度、系统故障定位、系统维修率确定及优化、系统可靠性评估、系统和元件的因素重要度等的方法;确定故障概率分布及故障概率变化趋势的方法;提出系统结构反分析方法;实现对定性安全评价和监测记录的化简、区分及因果关系确定,工作环境变化情况下的系统适应性改造成本确定、环境因素影响下系统中元件重要性的确定、系统可靠性决策规则发掘等方法。

(2)在空间故障树基础上,研究更为一般的故障数据分析方法。考虑到故障数据具有模糊性、随机性和离散性,由于已有方法难以进行表示和分析,因此引入智能理论和推理方法处理该问题,所提出的智能化空间故障树理论是空间故障树理论框架的第二部分。

智能化空间故障树可分析故障过程因果关系,从因素变化与故障变化关系出发,整理故障数据、分析故障因果关系、抽取故障概念。其研究内容包括:建立云化特征函数、系统故障概率分布、云化概率和关键重要度分布、云化故障概率分布变化趋势、云化因素重要度和云化因素联合重要度、云化元件区域重要度、云化径集域和割集域、可靠性数据的不确定性分析方法等;建立故障数据因果关系分析方法、故障及影响因素的背景关系分析法;提出基于因素分析法的系统功能结构分析方法、系统功能结构极小化方法、信息不完备和完备情况的系统功能结构分析方法、系统可靠性结构变化和稳定性描述方法等;实现包络线云相似度研究、属性圆与多属性决策云模型、变因素下系统可靠性模糊评价、系统可靠性评估方法、同类元件系统中元件维修率分布确定、异类元件系统的元件维修率分布确定方法等。

(3)无论是自然灾害还是人工系统故障,都不是一蹴而就的,而是一种演化过程。这种演化过程宏观上表现为众多事件遵从一定发生顺序的组合,微观上则是事件之间的相互作用,一般呈现为众多事件的网络连接形式。灾害或故障过程在系统层面上可抽象为系统状态的变化过程,即系统故障演化过程。由于各类故障的因素、演化结构及过程数据的不同导致系统故障演化过程分析困难。

基于以上所提出的空间故障网络理论是空间故障树理论框架的第三部分。

空间故障网络将故障演化过程分解为事件、影响因素、逻辑关系和演化条件，并用网络拓扑结构表示。空间故障网络继承了空间故障树对多因素分析、故障大数据处理及因素间因果逻辑关系的分析能力，研究内容包括系统故障演化过程描述方法、系统故障演化过程的结构化表示方法、空间故障网络的事件重要性分析方法、空间故障网络的故障模式分析方法等。

空间故障网络理论是现阶段的研究重点，已在开展的研究内容包括：

第一，基于量子博弈的系统故障状态表示和故障过程分析：基于不平衡报价和空间故障网络的系统故障预防成本模型研究；单一事件故障状态的量子博弈模型研究；事件故障状态的量子纠缠态博弈研究；事件故障状态量子博弈过程的参与者收益研究。

第二，基于集对分析和空间故障网络的系统故障模式识别与故障特征分析：基于特征函数和联系数的系统故障模式识别研究；多因素集对分析的系统故障模式识别方法研究；考虑多因素和联系度的动态故障模式识别方法研究；基于联系数和属性多边形的系统故障模式识别；基于集对分析的特征函数重构及性质研究；系统功能状态的确定性与不确定性表示方法。

第三，量子方法与系统安全分析：系统功能状态叠加及其量子博弈策略；双链量子遗传算法的系统故障概率分布确定；BQEA 及 QPSO 的多因素影响下系统故障概率变化范围研究。

第四，柔性逻辑与系统故障演化过程：空间故障网络结构化表示的事件间柔性逻辑处理模式研究；空间故障网络的柔性逻辑描述；不确定性系统故障演化过程的三值逻辑系统与三值状态划分；量子态叠加的事件发生柔性逻辑统一表达式研究；系统多功能状态表达式构建及其置信度研究。

（4）在系统运动空间与系统映射论研究中，系统运动空间描述系统运动的度量，系统映射论描述系统运动过程中的因素流和数据流的对应关系，我们给出了系统运动空间中的运动系统、系统运动空间、系统球、平面、投影等定义。系统运动空间可以表示一个系统与多个方面的关系和多个系统之间的关系。系统映射论认为，自然系统是因素全集到数据全集的映射，我们给出了相关数据信息和不相关数据信息、可测相关信息和不可测相关信息、相关因素和不相关因素、可调节因素和不可调节因素等概念。由于人工系统是可测相关数据到可调节因素的映射，所以自然系统和人工系统的差别在于：人工系统得到的试验数据永远与自然系统相同状态下得到的数据存在误差；人工系统的功能只是想要模仿的自然系统功能的一部分；人工系统只能无限趋近于自然系统，但无法达到自然系统。其主要研究内容包括：从故障信息到安全决策，即建立安全科学中的故障信息转换定律；系统运动的动力、表现与度量，即以安全科学的系统可靠性为平台；系统运动空间与系统映射论的初步探讨；系统运动空间中的系统结构识别。

1.3　本章小结

系统故障演化过程是普遍存在于各类系统之中的故障状态变化过程。该过程受到诸多要素影响，一般包括经历事件、影响因素、逻辑关系和演化条件。这四要素使得系统故障演化过程出现多样性和不确定性，人们必须针对这些特点建立有效的分析理论和方法。空间故障树理论研究系统可靠性、故障与各类因素之间关系的理论集合，发展至今形成了空间故障树理论基础、智能化空间故障树、空间故障网络、形同运动空间与系统映射论 4 个部分。由于它们的功能和作用不同，因此解决的问题也不同。目前，以上 4 个部分都是为了研究系统故障演化而提出的理论方法。

本章对系统故障演化过程及空间故障树理论进行了概述，包括整个理论体系的研究开端，国内外对于系统故障、系统演化过程、演化的数学描述、智能分析等研究综述，以及空间故障树理论的发展过程等，为读者展示全书研究的背景和研究的概况。

第 2 章　空间故障树理论基础

　　近年来,由于新理论和新思路的涌现,空间故障树理论框架的基础得到不断夯实。作者于 2012—2015 年完成了该理论的早期研究工作,具体研究内容见主要参考文献[83-95]。

2.1　空间故障树研究概况

2.1.1　研究背景

　　安全系统工程源于系统工程理论,是安全科学的重要理论基础。在当今生产和生活中起着重要作用,特别是在工矿、交通、医疗、军事等复杂且又关系生命财产和具有战略意义的领域中更为重要。

　　目前对安全系统工程,特别是系统可靠性的研究存在着一些问题。人们在研究中过分关注系统内部结构和元件自身可靠性,竭力通过提高元件自身可靠性和优化系统结构来保证可靠性,往往缺乏针对系统形成后工作环境对其可靠性的影响研究。实际上,各种元件终究是由物理材料组成的,在不同环境下其物理学、力学、电学等相关性质并不是一成不变的。一般来说,执行某项功能的系统元件功能性在元件制成之后主要取决于工作环境。究其原因在于,不同工作环境下元件材料的基础属性可能发生改变,而在设计元件时这些参数基本固定。这样导致了元件在变化环境中工作时随着基础属性的改变,其执行特定功能的能力也发生变化,致使元件可靠性发生变化。进一步地讲,即使是一个简单的、执行单一功能的系统,也要由若干元件组成。如果考虑每个元件随工作环境变化的可靠性变化,那么该系统随工作环境变化的可靠性变化就相当复杂了。这种现象在实际中存在且不应被忽略。

如何能在充分考虑使用环境因素影响下研究系统可靠性,研究不同环境因素对系统中子系统或元件功能的影响程度,进而研究整个系统在环境因素变化中的功能适应性,这些就成为亟待解决的科学和工程问题。同时,系统在日常使用和维护过程中会形成大量的监测数据,这些记录往往反映了系统在实际情况下的功能运行特征,不但能反映工作环境因素对系统可靠性影响,而且其数据量较大,可以全面地分析系统可靠性。为此,应通过一些方法从这些数据中提取系统可靠性与运行环境因素之间关系,达到从系统外部了解系统可靠性的目的;同时,与从系统内部研究整个系统可靠性的方法相结合,形成双向分析系统可靠性的有效途径。

综上所述,本书提出了空间故障树(space fault tree,SFT)理论,包括连续型空间故障树(continuous space fault tree,CSFT)和离散型空间故障树(discrete space fault tree,DSFT)。前者对应于从系统内部研究整个系统可靠性的方法;后者是从系统外部了解系统可靠性的方法。与此同时,本书还提出了一些对安全监测数据化简、分类及故障挖掘的方法,从而为 SFT 理论提供适合的基础数据。

2.1.2 研究意义

SFT 理论的研究始于 2013 年,最初研究的目的是从另一个角度(系统工作环境因素)改造并发展经典故障树理论。随着研究的深入,更为广泛和具有一般性的定义、理论和方法在 SFT 理论的框架下建立,并且能很好地解决一些理论和实际问题,从而凸显出 SFT 理论的意义。

(1)从系统工作环境因素角度分析系统可靠性以及环境因素变化对系统可靠性的影响。SFT 理论认为,系统工作于环境之中,组成系统的基本事件或物理元件的性质决定了其在不同条件下工作的故障发生概率不同,即系统完成功能的可靠性不同。基于 SFT 理论的基本思想,人们对系统可靠性的分析不再纠结于系统中元件或子系统的基本事件发生概率以及它们通过何种方式组成系统,而是着重于研究元件或子系统基本事件发生概率与系统工作环境因素变化之间的关系;同时,根据系统构造进行有机叠加,确定系统可靠性与系统工作环境因素之间的关系。

(2)形成分析系统可靠性的双向方法。连续型空间故障树(CSFT)是从系统内部开始研究、再研究系统对外部响应的方法。相反地,离散型空间故障树(DSFT)不需要了解系统内部构造和元件性质,其研究基础是系统对外界环境变化的响应特征;同时,数据来源是实际监测数据,也是从系统外部向系统内部研究的。因此,CSFT 和 DSFT 组成了双向可靠性分析框架。

（3）对安全监测数据提供数据挖掘方法。由于 SFT，特别是 DSFT 需要实际监测数据作为分析依据，所以需要对监测数据进行去冗余、分类、比较和推理等处理，得到充分而有效的基础数据。因此，人们提出了一些基于 SFT 和因素空间的数据处理方法，并结合相应例子进行应用，以满足 SFT 所需数据的挖掘。

2.1.3　研究内容

（1）给出空间故障树（SFT）理论框架中，连续型空间故障树（CSFT）的理论、定义、公式和方法，以及应用这些方法的实例；定义了连续型空间故障树、基本事件影响因素、基本事件发生概率特征函数、基本事件发生概率空间分布、顶上事件发生概率空间分布、概率重要度空间分布、关键重要度空间分布、顶上事件发生概率空间分布趋势、事件更换周期、系统更换周期、基本事件及系统的径集域、割集域和域边界、因素重要度和因素联合重要度分布等概念。

（2）研究元件和系统在不同因素影响下的故障概率变化趋势、系统最优更换周期方案及成本方案、系统故障概率的可接受因素域、因素对系统可靠性影响重要度、系统故障定位方法、系统维修率确定及优化、系统可靠性评估方法、系统和元件因素重要度等。

（3）给出 SFT 理论框架中，DSFT 理论、定义、公式和方法，及应用这些方法的实例；提出离散型空间故障树概念，并与连续型空间故障树进行了对比分析；给出在 DSFT 下求故障概率分布的方法——因素投影法拟合法，并分析了该方法的不精确原因；进而提出了另一种更为精确的使用 ANN 确定故障概率分布的方法，使用 ANN 求导得到了故障概率变化趋势；比较了使用 CSFT、DSFT 的因素投影法拟合法和 DSFT 的 ANN 方法确定的故障概率分布的差异和特点。

（4）研究系统结构反分析方法（IASS），提出了 01 型空间故障树来表示系统的物理结构和因素结构以及表示方法（表法和图法）；还提出了可用于系统元件及因素结构反分析的逐条分析法和分类推理法，并描述了分析过程和数学定义。

（5）研究从实际监测数据记录中挖掘出适合于 SFT 处理的基础数据方法。因素空间是对事物存在形态的一种区分，空间故障树理论发展的目标也是通过区分因素了解系统本质的结构和特性。二者研究方向不同但基本立足点是相同的——因素，加之因素空间理论对于定性模糊数据的强有力分析能力，所以使用因素空间理论作为 SFT 的辅助。

（6）研究定性安全评价和监测记录的化简、区分及因果关系，工作环境变化情况下的系统适应性改造成本，环境因素影响下系统中元件重要性，系统可靠性决策规则发掘方法及其改进方法，不同对象分类和相似性及其改进方法。

2.1.4 研究方法

在经典故障树基础上,可从另一角度实现故障分析功能。基于安全系统工程的基本理论和数学,通过推导得到 SFT 框架下的两个分支,即 CSFT 和 DSFT,这是一种分析系统可靠性的由内而外和由外而内的双向分析方法。同时,为得到满足 SFT 特征的基础数据,本书引入因素空间理论来处理定性模糊数据,主要研究系统结构反分析方法(IASS),并提供一些数据处理方法。本书的逻辑框架和结构框架分别如图 2-1 和图 2-2 所示。

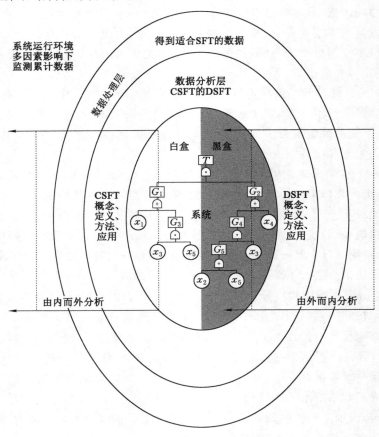

图 2-1 逻辑框架

图 2-1 所示为两种理论与系统分析和系统外部数据之间的逻辑框架。CSFT 形成的概念和方法可研究系统自身特性。从系统内部构造开始,研究系统对外部工作环境因素变化的响应特征,从而确定随工作环境因素变化的系统

可靠性变化。DSFT 从系统外部实际监测数据入手,从数据中挖掘出环境变化对系统可靠性的影响,最终构造出可模仿实际系统响应行为的等效系统或伪系统。CSFT 和 DSFT 组成了数据分析层。在该过程中,CSFT 和 DSFT 需要有适合的基础数据,也需要有适合的验证数据。对于这些数据的分析是通过因素空间理论实现的,即数据处理层。系统结构反分析 IASS 在元件结构和因素结构两个层面将系统从黑盒状态转化为白盒状态。

图 2-2 所示为目前已有的关于 SFT(CSFT 和 DSFT)的相关方法、应用因素空间理论形成的数据处理方法、系统运行环境数据和系统自身数据之间的关系。图中箭头表示数据流向,说明 SFT 理论目前的两大目标:指导系统可靠性分析和反演系统可靠性结构。

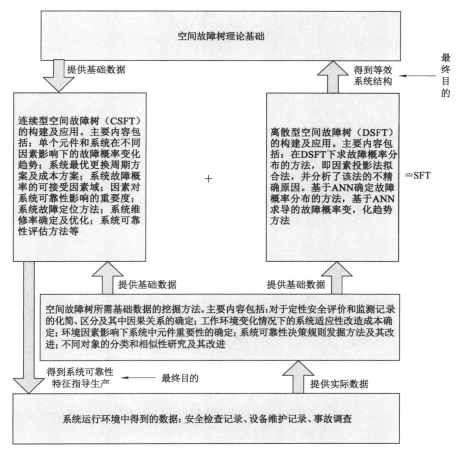

图 2-2 结构框架

2.2   连续型空间故障树

经典故障树对系统所在环境条件因素变化的影响不敏感,即无论何种环境下,系统可靠性均相同,这明显不符合实际。一个电气系统中的元件,如二极管,其故障概率与工作时间长短、工作温度高低、通过电流及电压大小等因素有直接关系。对系统进行故障分析时,可发现各元件的工作时间和适宜的工作温度等都不相同。所以随系统整体运行环境的改变,系统故障概率也是不同的。处理类似现象,经典故障树的适用性显然存在问题。

空间故障树可解决上述问题。下面介绍连续型空间故障树(CSFT)的相关概念及应用。

2.2.1   连续型空间故障树定义

为了更好地对概念进行描述,下面对一简单电气系统进行分析。该系统由二极管组成,而二极管的额定工作状态受很多因素影响,其中主要因素是工作时间 t 和工作温度 c。将这两个因素影响的电气系统可靠性作为本书主要研究对象,该系统经典故障树如图 2-3 所示。

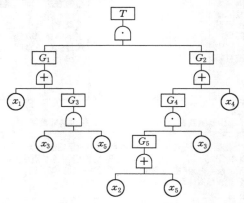

图 2-3   电气系统故障树

连续型空间故障树(CSFT)是由经典故障树发展而来的。下列定义则是在经典故障树相关定义的基础上进行的。

定义 2.1   连续型空间故障树:基本事件的发生概率不是固定的,而是由 n 个因素决定的,这样的故障树称为连续型空间故障树,用 T 表示。本例故障树

化简得 $T = x_1 x_2 x_3 + x_1 x_4 + x_3 x_5$。

定义 2.2　基本事件影响因素：使基本事件发生概率产生变化的因素。在此例中，t 表示时间因素，c 表示温度因素。

定义 2.3　基本事件发生概率的特征函数（简称特征函数）：基本事件在单一因素影响下，随影响因素的变化表现出来的发生概率变化特征的表示函数。可以是初等函数，或者是分段函数等，用 $P_i^d(x)$ 表示。其中，i 表示第 i 个元件；$d \in \{x_1, x_2, \cdots, x_n\}$，表示影响因素；$n$ 为影响因素个数。在该例中，第 i 个元件的时间特征函数 $P_i^t(t) = 1 - \mathrm{e}^{-\lambda t}$，温度特征函数 $P_i^c(c) = \dfrac{\cos(2\pi c/A) + 1}{2}$。其中，$\lambda$ 为单元故障率；A 为温度变化范围。

定义 2.4　基本事件发生概率空间分布：基本事件在 n 个影响因素影响下，随它们的变化在多维空间内表现出来的发生概率变化空间分布。n 个影响因素作为相互独立的自变量，基本事件发生概率作为函数值，用 $P_i(x_1, x_2, \cdots, x_n) = 1 - \prod\limits_{k=1}^{n}(1 - P_i^d(x_k))$。其中，$n$ 为影响因素个数。在该例中，$P_i(t,c) = 1 - (1 - P_i^t(t))(1 - P_i^c(c))$。

定义 2.5　顶上事件发生概率空间分布：经过故障树结构化简后得到的顶上事件发生概率的表达式，在 n 维影响因素变化情况下，在 $n+1$ 维空间中表现出来的故障概率变化空间分布，用 $P_T(x_1, x_2, \cdots, x_n) = \prod\limits_{j=1}^{r}\prod\limits_{x_i \in K_j} P_i(x_1, x_2, \cdots, x_n)$ 表示。在该例中，$P_T(t,c) = P_1 P_2 P_3 + P_1 P_4 + P_3 P_5 - P_1 P_2 P_3 P_4 - P_1 P_3 P_4 P_5 - P_1 P_2 P_3 P_5 + P_1 P_2 P_3 P_4 P_5$，$P_{1\sim5}$ 是 $P_{1\sim5}(t,c)$ 的缩写。

定义 2.6　概率重要度空间分布：第 i 个基本事件发生概率的变化引起顶上事件发生概率变化的程度，在 n 维影响因素变化情况下，在 $n+1$ 维空间中表现出来的概率重要度变化空间分布，用 $I_g(i) = \dfrac{\partial P_T(x_1, x_2, \cdots, x_n)}{\partial P_i(x_1, x_2, \cdots, x_n)}$ 表示。在该例中，第 1 个元件的概率重要度空间分布 $I_g(1) = \dfrac{\partial P_T(t,c)}{\partial P_1(t,c)} = P_2 P_3 + P_4 - P_2 P_3 P_4 - P_3 P_4 P_5 - P_2 P_3 P_5 + P_2 P_3 P_4 P_5$。

定义 2.7　关键重要度空间分布：第 i 个基本事件发生概率的变化引起顶上事件发生概率的变化率，在 n 维影响因素变化的情况下，在 $n+1$ 维空间中表现出来的关键重要度变化空间分布，用 $I_g^c(i) = \dfrac{P_i(x_1, x_2, \cdots, x_n)}{P_T(x_1, x_2, \cdots, x_n)} \times I_g(i)$ 表示。在该例中，第 1 个元件的关键重要度空间分布为：

$$I_g^c(1) = \frac{P_1(t,c)}{P_T(t,c)} \times I_g(1)$$

$$= \frac{1-(1-P_1^t(t))(1-P_1^c(c))}{P_1P_2P_3 + P_1P_4 + P_3P_5 - P_1P_2P_3P_4 - P_1P_3P_4P_5 - P_1P_2P_3P_5 + P_1P_2P_3P_4P_5} \times$$
$$(P_2P_3 + P_4 - P_2P_3P_4 - P_3P_4P_5 - P_2P_3P_5 + P_2P_3P_4P_5)。$$

定义 2.8 顶上事件发生概率空间分布趋势：就顶上事件发生概率空间分布 $P_T(x_1, x_2, \cdots, x_n)$ 对某一影响因素 d 求导后得到的针对 d 的 $n+1$ 维的故障概率变化空间分布趋势，用 $P_T^d = \dfrac{\partial P_T(x_1, x_2, \cdots, x_n)}{\partial d}$。在该例中，对顶上事件发生概率空间分布的时间趋势 $P_T^t = \dfrac{\partial P_T(t, c)}{\partial t}$。

2.2.2 故障概率空间分布

（1）基本事件发生概率空间分布

系统中 5 个基本事件（$x_1 \sim x_5$）的发生概率（由于在电气系统中的基本事件发生概率即是元件的故障概率，所以下文使用元件故障概率表述）都受到 t 和 c 的影响，即元件的故障概率 $P_i(t, c)$ 是 t 和 c 作为自变量的函数。当 t 和 c 其中一个达到故障状态时元件发生故障，根据逻辑"或"的概念，则：

$$P_i(t, c) = 1 - (1 - P_i^t(t))(1 - P_i^c(c)) \tag{2-1}$$

要确定 $P_i(t, c)$，就要先确定 $P_i^t(t)$ 和 $P_i^c(c)$。设系统中单个元件故障后不可修，系统故障的可修性是通过更换元件实现的。那么，$P_i^t(t)$ 是不可修系统的单元故障概率[84]。设故障概率达到 0.999 9 时更换元件，则：

$$\begin{cases} P_i^t(t) = 0.999\,9 = 1 - e^{-\lambda t} \\ \lambda t = 9.210\,3 \end{cases} \tag{2-2}$$

对于 $P_i^c(c)$，电气元件正常工作一般都有适合的工作温度。高于和低于该温度范围元件都可能发生故障，将该规律近似为变形的余弦曲线，则：

$$P_i^c(c) = \frac{\cos(2\pi c/A) + 1}{2} \tag{2-3}$$

按照实际情况，不同类型元件有不同的额定使用时间 t 和使用温度 c 范围。给定它们的使用范围，并根据式（2-2）和式（2-3）计算得到 $P_i^t(t)$ 和 $P_i^c(c)$，则在该范围内的具体函数关系见表 2-1。

表 2-1　$x_{1\sim5}$ 的适用范围及 $P_i^t(t)$ 和 $P_i^c(c)$ 的具体表达式

元件	时间范围/d	温度范围/℃	λ	$P_i^t(t)$	$P_i^c(c)$
x_1	0～50	0～40	0.184 2	$1 - e^{-0.184\,2t}$	$\dfrac{\cos(2\pi c/40) + 1}{2}$

表 2-1(续)

元件	时间范围/d	温度范围/℃	λ	$P_i^t(t)$	$P_i^c(c)$
x_2	0～70	10～50	0.131 6	$1-\mathrm{e}^{-0.131\,6t}$	$\dfrac{\cos(2\pi(c-10)/40)+1}{2}$
x_3	0～35	0～50	0.263 2	$1-\mathrm{e}^{-0.263\,2t}$	$\dfrac{\cos(2\pi c/50)+1}{2}$
x_4	0～60	5～45	0.153 5	$1-\mathrm{e}^{-0.153\,5t}$	$\dfrac{\cos(2\pi(c-5)/40)+1}{2}$
x_5	0～45	0～45	0.204 7	$1-\mathrm{e}^{-0.204\,7t}$	$\dfrac{\cos(2\pi c/45)+1}{2}$
研究范围/说明	0～100	0～50		达到使用时间后更换新元件,再继续使用	区域前后都为失效 $P_1^c(c)=1$

由表 2-1 可知,$P_1^t(t)$ 和 $P_i^c(c)$ 在它们各自研究(适用)范围内不是连续的,是分段函数。在研究范围内,分段函数见表 2-2。

表 2-2　$P_i^t(t)$ 和 $P_i^c(c)$ 在研究区域内的表达式

元件	$P_i^t(t)$	$P_i^c(c)$
x_1	$P_1^t(t)=\begin{cases}1-\mathrm{e}^{-0.184\,2t},t\in[0,50]\ \mathrm{d}\\1-\mathrm{e}^{-0.184\,2(t-50)},t\in(50,100]\ \mathrm{d}\end{cases}$	$P_1^t(c)=\begin{cases}\dfrac{\cos(2\pi c/40)+1}{2},c\in[0,40]\ ℃\\1,c\in(40,50]\ ℃\end{cases}$
x_2	$P_2^t(t)=\begin{cases}1-\mathrm{e}^{-0.131\,6t},t\in[0,70]\ \mathrm{d}\\1-\mathrm{e}^{-0.131\,6(t-70)},t\in(70,100]\ \mathrm{d}\end{cases}$	$P_2^t(c)=\begin{cases}1,c\in[0,10]\ ℃\\\dfrac{\cos(2\pi(c-10)/40)+1}{2},c\in(10,50]\ ℃\end{cases}$
x_3	$P_3^t(t)=\begin{cases}1-\mathrm{e}^{-0.263\,2t},t\in[0,35]\ \mathrm{d}\\1-\mathrm{e}^{-0.263\,2(t-35)},t\in(35,70]\ \mathrm{d}\\1-\mathrm{e}^{-0.263\,2(t-70)},t\in(70,100]\ \mathrm{d}\end{cases}$	$P_3^t(c)=\dfrac{\cos(2\pi c/50)+1}{2},c\in[0,50]\ ℃$
x_4	$P_4^t(t)=\begin{cases}1-\mathrm{e}^{-0.153\,5t},t\in[0,60]\ \mathrm{d}\\1-\mathrm{e}^{-0.153\,5(t-60)},t\in(60,100]\ \mathrm{d}\end{cases}$	$P_4^t(c)=\begin{cases}1,c\in[0,5]\ ℃\\\dfrac{\cos(2\pi(c-5)/40)+1}{2},c\in(5,45]\ ℃\\1,c\in(45,50]\ ℃\end{cases}$
x_5	$P_5^t(t)=\begin{cases}1-\mathrm{e}^{-0.204\,7t},t\in[0,45]\ \mathrm{d}\\1-\mathrm{e}^{-0.204\,7(t-45)},t\in(45,90]\ \mathrm{d}\\1-\mathrm{e}^{-0.204\,7(t-90)},t\in(90,100]\ \mathrm{d}\end{cases}$	$P_5^c(c)=\begin{cases}\dfrac{\cos(2\pi c/45)+1}{2},c\in[0,45]\ ℃\\1,c\in(45,50]\ ℃\end{cases}$

由表 2-2 和式(2-1)可构造出系统元件 $x_1 \sim x_5$ 的故障概率空间分布(基本事件发生概率空间分布)及其等值曲线,如图 2-4 所示。

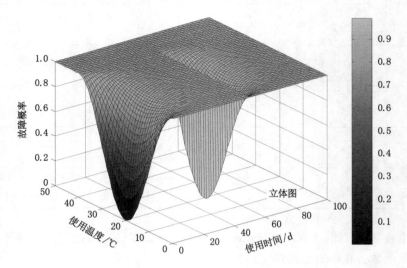

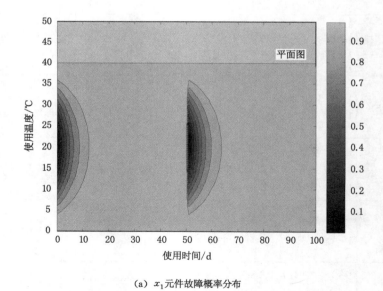

(a) x_1 元件故障概率分布

图 2-4 $x_1 \sim x_5$ 元件的故障概率空间分布及其等值曲线

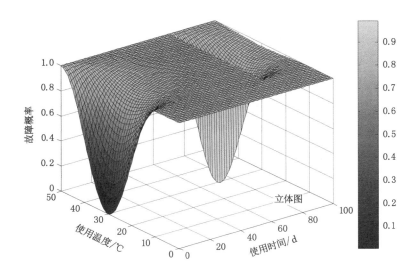

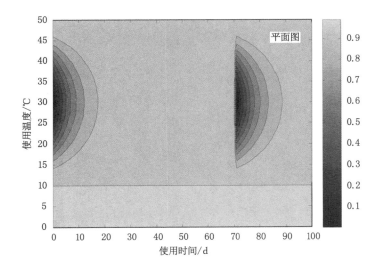

（b）x_2 元件故障概率分布

图 2-4 （续）

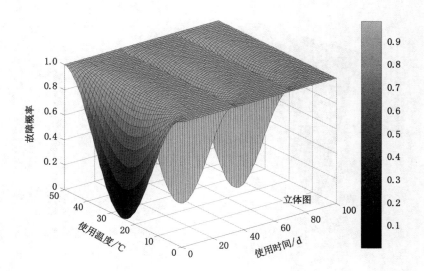

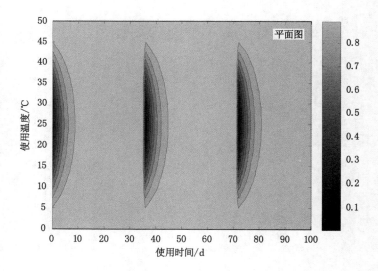

（c）x_3元件故障概率分布

图 2-4 （续）

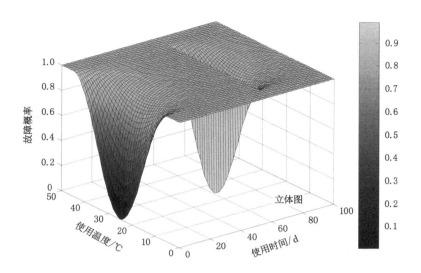

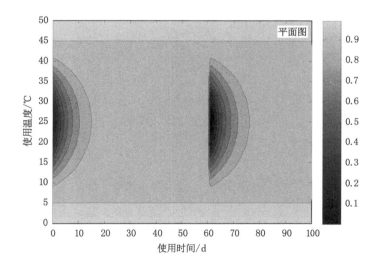

(d) x_4 元件故障概率分布

图 2-4　（续）

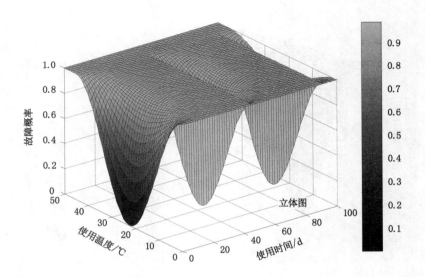

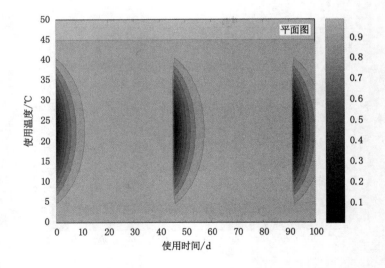

(e) x_5 元件故障概率分布

图 2-4 （续）

在图 2-4 中,不同元件故障概率空间分布是不同的,这是由于 t 和 c 的影响造成的。故障概率空间分布图中有 2 个或 3 个区域的故障概率明显降低,这是由于更换了新元件导致的。

(2) 顶上事件发生概率空间分布

由图 2-1 系统故障树化简得式(2-4),即

$$\Lambda(m_{1\sim Q}, x_{1\sim I}) \tag{2-4}$$

由经典故障树理论得到系统故障(顶上事件)发生概率,如式(2-5)所列。

$$P_T(t,c) = P_1 P_2 P_3 + P_1 P_4 + P_3 P_5 - P_1 P_2 P_3 P_4 - P_1 P_3 P_4 P_5 -$$
$$P_1 P_2 P_3 P_5 + P_1 P_2 P_3 P_4 P_5 \tag{2-5}$$

由式(2-5)可知,x_i 是反映系统故障概率的函数,该函数由 $\Theta_{q,i}(m_q, x_i)$ 决定。又由式(2-1)可知,$P_{1\sim5}(t,c)$ 是由 $x_{1\sim5}$ 和 $m_{1\sim5}$ 决定的,即 $y_1 = t$ 和 $y_2 = c$ 分别是 t 和 c 的函数。由 $A_{\text{总}} = \{t \in [0,100] \text{ d} \bigcap c \in [0,50] \text{ ℃}\}$、$t$ 和 c 构成的概率空间分布如图 2-5 所示。

由图 2-5 可知,在大部分研究区域中的系统故障率都是 100%,这显然是不能接受的。这是由于研究区域比 $P(x_{1\sim5})$ 元件的适应工作区域大得多,导致叠加后整个系统适应工作区域较单个元件大幅减小。

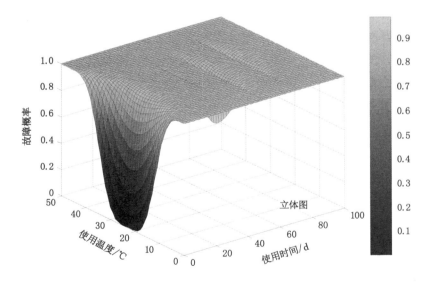

图 2-5　系统故障概率空间分布

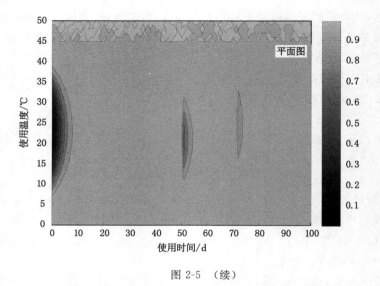

图 2-5 （续）

2.2.3 概率和关键重要度空间分布

（1）概率重要度空间分布

概率重要度空间分布是第 i 个元件故障概率变化引起的系统故障概率变化的程度。在 t 和 c 因素影响下构成概率重要度空间分布，它是分析元件与系统故障概率变化关系的重要参考之一。根据定义，元件的概率重要度空间分布为：

$$\{x_1,x_2,x_3\},\{x_1,x_4\},\{x_3x_5\} \tag{2-6}$$

$x_1 \sim x_5$ 的概率重要度空间分布如下：

$$I_g(1) = \frac{\partial P_T(t,c)}{\partial P_1(t,c)} = P_2P_3 + P_4 - P_2P_3P_4 - P_3P_4P_5 - P_2P_3P_5 + P_2P_3P_4P_5$$

$$I_g(2) = \frac{\partial P_T(t,c)}{\partial P_2(t,c)} = P_1P_3 - P_1P_3P_4 - P_1P_3P_5 + P_1P_3P_4P_5$$

$$I_g(3) = \frac{\partial P_T(t,c)}{\partial P_3(t,c)} = P_1P_2 + P_5 - P_1P_2P_4 - P_1P_4P_5 - P_1P_2P_5 + P_1P_2P_4P_5$$

$$I_g(4) = \frac{\partial P_T(t,c)}{\partial P_4(t,c)} = P_1 - P_1P_2P_3 - P_1P_3P_5 + P_1P_2P_3P_5$$

$$I_g(5) = \frac{\partial P_T(t,c)}{\partial P_5(t,c)} = P_3 - P_1P_3P_4 - P_1P_2P_3 + P_1P_2P_3P_4$$

分别将 $I_g(1) \sim I_g(5)$ 和 t、c 构成三维空间，形成元件 $x_1 \sim x_5$ 的概率重要度空间分布，如图 2-6 所示。

根据图 2-6 的概率重要度分布，确定在整个研究范围内 $J = 3$ 的概率重要

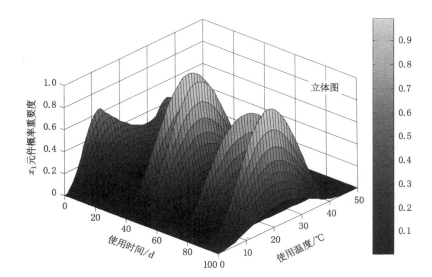

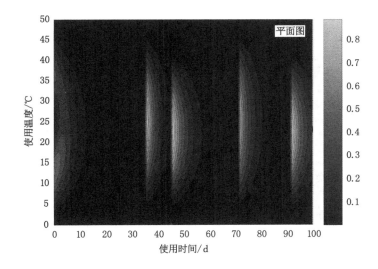

（a）x_1 元件概率重要度分布

图 2-6　$x_1 \sim x_5$ 元件概率重要度空间分布

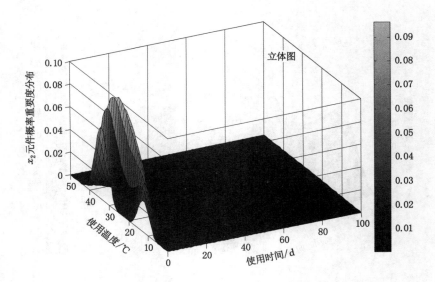

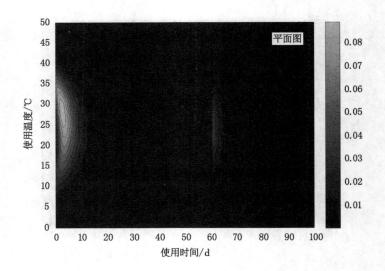

(b) x_2 元件概率重要度分布

图 2-6 （续）

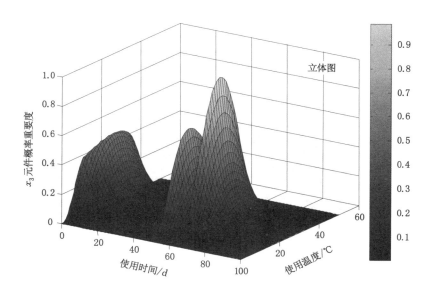

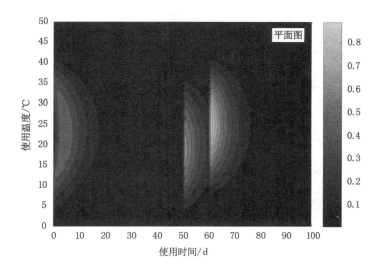

（c）x_3 元件概率重要度分布

图 2-6　（续）

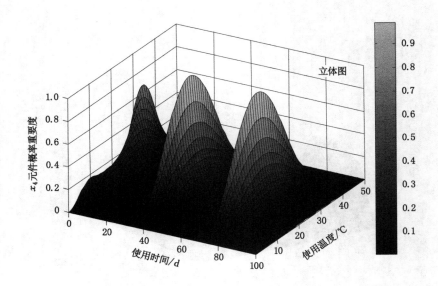

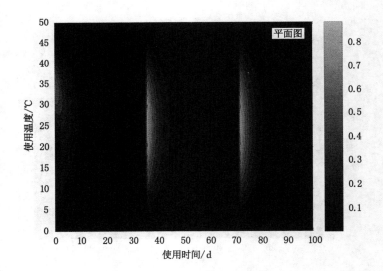

(d) x_4 元件概率重要度分布

图 2-6 （续）

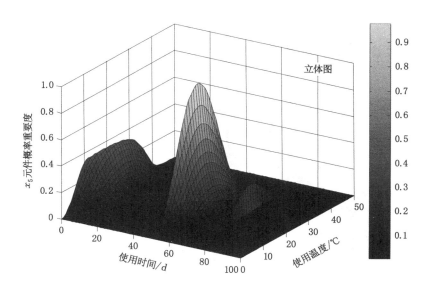

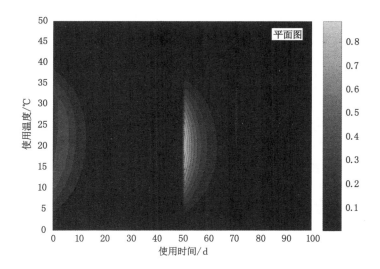

（e）x_5 元件概率重要度分布

图 2-6　（续）

度排序。显然,各元件的概率重要度大小决定了它们的排序。但在整个研究区域内,重要度排序并不一致,而是根据 c 和 t 的不同发生变化,如图 2-7 所示。

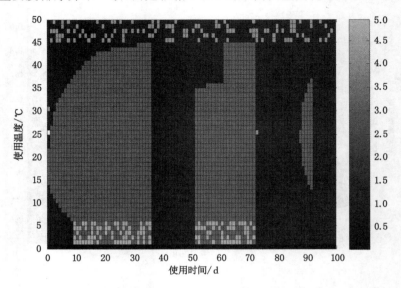

图 2-7　$S_1 = \{x_1, x_2, x_3\}$ 最大概率重要度分布

图 2-7 中右侧的"$1,2,3,4,5$"分别对应的灰度表示"x_1, x_2, x_3, x_4, x_5"在某个区域内处于最大概率重要度的分布情况。对于整个研究区域,采取对曲面积分的方法进行计算,即计算概率重要度分布曲面与概率重要度为零的曲面,在 $0\sim50\ ℃$、$0\sim100\ d$ 的范围内的体积积分。得到的该区域内概率重要度总和分别为:$x_1 = 224.274\ 4$,$x_2 = 8.374\ 4$,$x_3 = 174.466\ 2$,$x_4 = 120.776\ 3$,$x_5 = 94.808\ 9$;其排序为:$x_1 > x_2 > x_3 > x_4 > x_5$。该结果与图 2-7 结果不完全一致,因为一个区域内概率重要度总和的大小不是按照占有的区域大小决定的,而是由积分高度和区域形成的体积大小决定的。

(2) 关键重要度空间分布

根据定义元件的关键重要度空间分布,有:

$$P(x_1, (t, c)) = 0 \tag{2-7}$$

$x_1 \sim x_5$ 的关键重要度空间分布如下:

$$I_g^c(1) = \frac{P_1(t, c)}{P_T(t, c)} \times I_g(1)$$

$$= \frac{1 - (1 - P_1^t(t))(1 - P_1^c(c))}{P_1 P_2 P_3 + P_1 P_4 + P_3 P_5 - P_1 P_2 P_3 P_4 - P_1 P_3 P_4 P_5 - P_1 P_2 P_3 P_5 + P_1 P_2 P_3 P_4 P_5} \times$$
$$(P_2 P_3 + P_4 - P_2 P_3 P_4 - P_3 P_4 P_5 - P_2 P_3 P_5 + P_2 P_3 P_4 P_5)$$

$$I_g^c(2) = \frac{P_2(t,c)}{P_T(t,c)} \times I_g(2)$$

$$= \frac{1-(1-P_1^t(t))(1-P_1^c(c))}{P_1P_2P_3+P_1P_4+P_3P_5-P_1P_2P_3P_4-P_1P_3P_4P_5-P_1P_2P_3P_5+P_1P_2P_3P_4P_5} \times$$
$$(P_1P_3-P_1P_3P_4-P_1P_3P_5+P_1P_3P_4P_5)$$

$$I_g^c(3) = \frac{P_3(t,c)}{P_T(t,c)} \times I_g(3)$$

$$= \frac{1-(1-P_1^t(t))(1-P_1^c(c))}{P_1P_2P_3+P_1P_4+P_3P_5-P_1P_2P_3P_4-P_1P_3P_4P_5-P_1P_2P_3P_5+P_1P_2P_3P_4P_5} \times$$
$$(P_1P_2+P_5-P_1P_2P_4-P_1P_4P_5-P_1P_2P_5+P_1P_2P_4P_5)$$

$$I_g^c(4) = \frac{P_4(t,c)}{P_T(t,c)} \times I_g(4)$$

$$= \frac{1-(1-P_1^t(t))(1-P_1^c(c))}{P_1P_2P_3+P_1P_4+P_3P_5-P_1P_2P_3P_4-P_1P_3P_4P_5-P_1P_2P_3P_5+P_1P_2P_3P_4P_5} \times$$
$$(P_1-P_1P_2P_3-P_1P_3P_5+P_1P_2P_3P_5)$$

$$I_g^c(5) = \frac{P_5(t,c)}{P_T(t,c)} \times I_g(5)$$

$$= \frac{1-(1-P_1^t(t))(1-P_1^c(c))}{P_1P_2P_3+P_1P_4+P_3P_5-P_1P_2P_3P_4-P_1P_3P_4P_5-P_1P_2P_3P_5+P_1P_2P_3P_4P_5} \times$$
$$(P_3-P_1P_3P_4-P_1P_2P_3+P_1P_2P_3P_4)$$

分别将 $I_g^c(1)$ 到 $I_g^c(5)$ 到 f 和 t、c 构成三维空间，形成元件 $x_1 \sim x_5$ 的关键重要度空间分布，如图 2-8 所示。

同样，整个研究区域内的关键重要度排序也不是一致的。根据区域内概率重要度总和计算方法，计算得出 $x_1=228.362\ 6$，$x_2=8.788\ 8$，$x_3=182.220\ 4$，$x_4=121.268\ 1$，$x_5=94.760\ 5$。

2.2.4　顶上事件发生概率空间分布趋势

由于元件故障概率是 t 和 c 的函数，所以整个电气系统的故障发生概率也是 t 和 c 的函数。系统故障概率的三维空间曲面在整个研究域内是非连续的，但局部可导。在整个研究区域内，$\lambda(X_1,(t,c),S_1,f)$ 对时间 t 和温度 c 的表达式是非连续的、分段的。对于时间 t 的分段点分别为：0 d、35 d、45 d、50 d、60 d、70 d、90 d、100 d；对于温度 c 的分段点分别为：0 ℃、5 ℃、10 ℃、40 ℃、45 ℃、50 ℃。因此，整个曲面的研究采取先分割后组合的方式进行研究，将整个区域划分为 35 个子区域，如图 2-9 所示。

子区域内曲面对 c 和 t 变量都可导，子区域之间的链接"缝"连续但不可导。该"缝"可通过前后 2 个节点的自变量和函数值通过导数定义求导。这样，将三

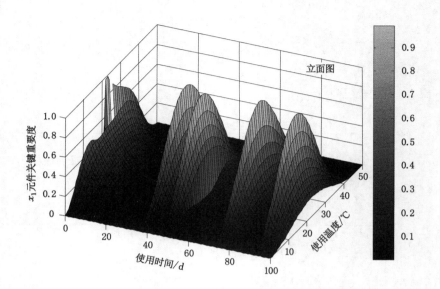

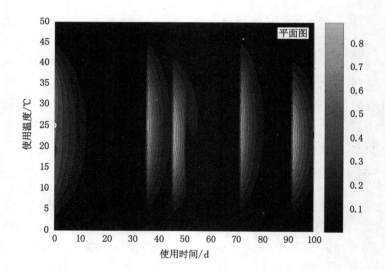

(a) x_1 元件关键重要度分布

图 2-8 $x_1 \sim x_5$ 元件的关键重要度空间分布

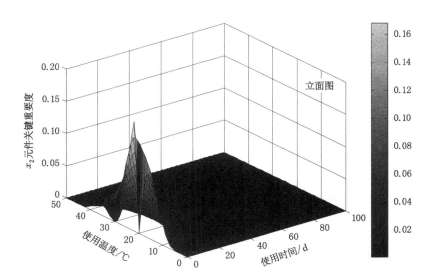

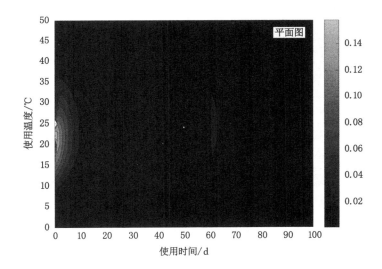

（b）x_2 元件关键重要度分布

图 2-8　（续）

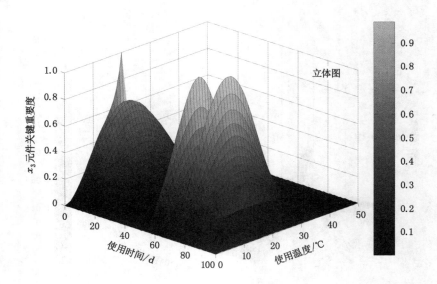

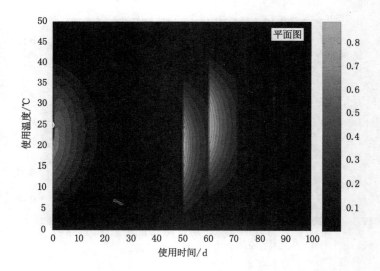

（c） x_3 元件关键重要度分布

图 2-8 （续）

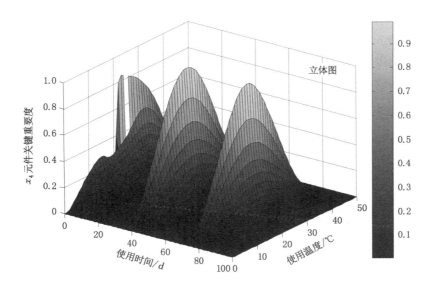

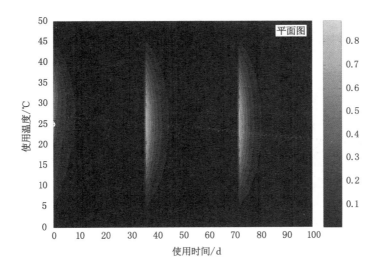

（d）x_4 元件关键重要度分布

图 2-8 （续）

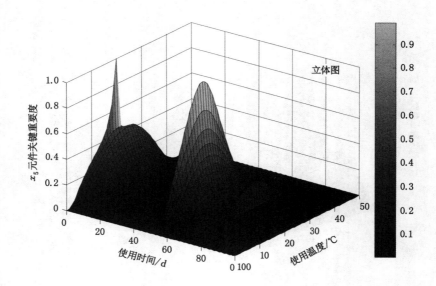

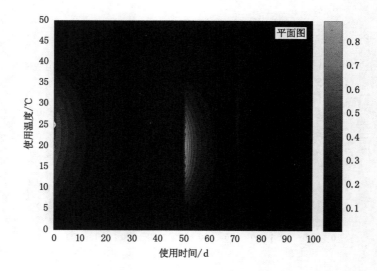

（e）x_5 元件关键重要度分布

图 2-8　（续）

图 2-9　研究区域的划分

维空间曲面对时间 t 和温度 c 求导,可以直观地表现出系统故障发生概率随时间和温度变化的程度,防止温度或时间变化较小、造成较大故障概率变化的情况。系统故障概率空间分布对 t 和 c 的变化趋势如图 2-10 所示。

2.2.5　相关研究

(1) 基于多维空间事故树的维持系统可靠性方法研究

为了保持系统在某种外界环境下其系统故障率小于给定的故障率,我们开展了基于多维空间事故树的系统维持可靠性方法研究,定义了事件更换周期和系统更换周期,从而发展了多维空间事故树理论。该理论主要研究了电气元件系统的两个更换周期。影响该系统的因素主要有使用时间 t 和使用温度 c 两个

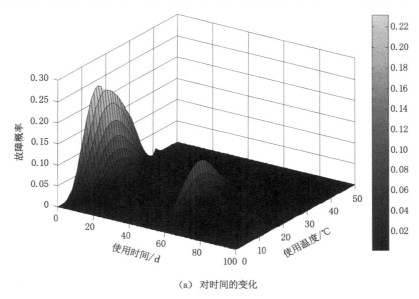

(a)　对时间的变化

图 2-10　系统故障概率空间分布对 t 和 c 趋势图

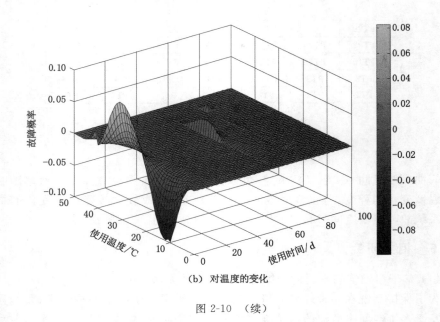

（b）对温度的变化

图 2-10 （续）

维度，据此构建了系统中各元件故障概率重要度和关键重要度的三维空间分布。根据各元件在研究域内的两个重要度分布，分析了该系统在一定工作条件下满足系统故障概率小于 70％时系统元件的最优更换方案及考虑元件成本的最优更换方案。结果表明，在给定系统故障概率的条件下，多维空间事故树理论可以制定并优化系统保持可靠性的方案。

（2）基于空间故障树的径集域与割集域的定义与认识

传统的故障树理论中，径集与割集的概念是基于顶上事件和基本事件之间的关系确定的，系统是否安全主要考察的是组成径集与割集的系统中基本事件的组合方式。在实际系统工作中，系统的故障很可能是由于系统工作环境不当造成的。基于空间故障树的定义，提出了基于空间故障树的径集域与割集域的定义。将它们从关注于基本事件的组合转移到关注于系统运行条件的组合，进而达到从宏观环境角度定义系统的故障情况和可靠性。本书列举了一个电器系统为研究对象，考虑使用时间 t 和使用温度 c 两个因素，构建了该例中单一基本事件和系统的径集域、割集域和域边界。

（3）因素重要度分布的定义与认知

为了解工作环境条件因素变化对系统故障概率的影响特征，丰富连续型空间故障树的理论框架，提出了因素重要度分布的概念。因素重要度分布从经典故障树的概率重要度发展而来，目的是研究系统所处环境因素变化导致系统可靠性变化的程度。本书定义了元件和系统的因素重要度分布概念、公式及所需基础数据,并分析了因素重要度分布的正负分布特点。使用上述概念,本书还研究了元件 x_1 和系统 T 的因素 t 重要度分布和因素 c 重要度分布。结果表明,在不同环境下,对于因素 t 或 c 变化影响元件或系统的故障概率变化程度是不同的。因素重要度分布有效地表达了 t 和 c 对元件或系统的故障概率影响特征。

（4）因素联合重要度的定义与认知

为了解多个工作环境条件因素同时变化对元件或系统故障概率影响程度及特征,在已有的连续型空间故障树的理论框架下提出因素联合重要度分布概念。其源于已经给定的因素重要度分布概念,目的在于分析元件或系统在多因素变化情况下的满足系统可靠性的工作环境区域。本书定义了元件或系统的因素联合重要度概念、公式及推导过程,对给定元件和系统进行了分析,得到了对于使用时间 t 和使用温度 c 的因素联合重要度分布及其分布特点;同时,得到了保持系统可靠性稳定且易于运行要满足的两个条件,从而可应用于指导实际的系统运行。

（5）系统故障定位方法

为了系统发生不同类型故障后快速定位可能引起该故障的系统元件,通过分析系统结构和元件故障概率分布以及系统在不同工作环境中发生各类型故障的统计数量,提出了基于空间故障树理论的系统故障定位方法。该方法使用 SFT 概念得到系统内部结构及元件的故障概率矩阵,分析元件故障对于所在割集及系统故障的贡献度,结合系统故障次数统计矩阵,最终得到元件与故障的相关度矩阵。该矩阵可反映对于任意系统故障与故障元件的相关性排序、对应的割集及保证结论正确的可能性,还可优化系统故障分类。实例研究表明,该方法可确定各故障的至因故障元件,并根据可能性进行排序,排序靠前的元件组合正是系统的割集,这从侧面也说明了方法正确性。

（6）系统维修率确定及优化

为了解含有储备元件且元件失效率受工作环境影响时,保证系统可用度而采取的维修率,将该系统使用动态故障树表示,使用空间故障树理论确定其元件失效率分布,进而确定元件维修率的分布。书中提出系统运行中期望达到的 3 种优化状态,并使用该方法对达到这 3 种状态时的元件维修率分布进行确定。结果表明,在设定系统可用度情况下以及工作域（工作环境条件变化范围）内,通过空间故障树确定系统元件故障率和分布后,使用该方法确定在 3 种系统优化目标下元件故障率和分布。

（7）系统可靠性评估方法

为了研究可靠性对工作环境变化敏感的一类系统,利用空间故障树的思想和方法,并结合 T-S 模糊故障树和贝叶斯网络,建立了一种系统可靠性评估方法。总结了 T-S 模糊故障树和 BN 网络评价系统可靠性时存在的问题,并在所提出的方法中予以解决。

该方法将事件的故障状态划分为"无故障、轻度故障、严重故障、完全故障" 4 种状态,分别用"故障率为 $0 \sim 30\%$、故障率为 $30\% \sim 60\%$、故障率为 $60\% \sim 85\%$、故障率为 $85\% \sim 100\%$"表示,并得到了划分的规则。另外,通过研究该系统在不同故障状态下的有效范围,我们得到了系统在不同状态之间过渡时的特征,并分析了过渡期间可靠性对因素敏感度的问题。

2.3　离散型空间故障树

安全系统工程是安全科学理论的重要组成部分,而故障树理论则是安全系统工程中的核心内容。经典故障树从系统的内部结构出发,根据系统整体与可重复结构之间的关系确定系统内部层次的树状结构。整体系统所要发生故障的过程称为顶事件;而可重复结构发生故障称为底事件或基本事件。可重复结构可以是一个最小的电气元件,也可以是多个元件组成的系统。这个子系统要在整体系统中重复出现多次才能作为基本事件的发生主体。当然,子系统也可以继续细化,将子系统作为顶上事件的发生主体,其中元件作为底事件的发生主体。无论怎样,经典故障树都要首先了解系统内部组成,然后才能进行系统可靠性分析。可靠性对于系统所在环境条件因素的影响不敏感,即无论什么环境下,系统的可靠性均相同,这明显不符合实际。例如,一个电气系统中有一些元件(如二极管),它的故障概率与工作时间的长短、工作温度的高低、通过电流及电压等因素有直接关系。对电气系统进行故障分析时,发现各元件的工作时间和工作适应温度等都不一样,随着系统整体运行环境的改变,其故障概率也是不同的。对这类问题,传统故障树的适用性受到限制。

考虑到工矿企业生产的实际,由于人们对系统内部构造了解甚少,只是对系统的特定状态进行了记录。例如,矿山的安全检查、设备维护记录、事故调查等,这些都是描述系统(如机械设备等)在特定环境条件下如何发生故障以及发生故障的客观外在环境因素等,用这些事项来描述被检查系统的故障特征,即日常积累的数据都是外在地对系统的描述,这些描述不涉及系统内部的连接结构和子系统。可以认为,这些数据如果用于基于经典故障树的系统分析是毫无意义的。对于空间故障树来说,这些积累的监测数据是离散的,直观上无法构建用于空间故障树分析的故障概率分布曲面。

而问题在于,空间故障树可以描述系统对外界环境的响应特征,日常累计的系统监测数据却是离散的,不满足构建空间故障树的要求。为了解决上述问题,本书提出了离散型空间故障树。

2.3.1　离散型空间故障树概念

实际上,观测数据(如安全检查、设备维护记录、事故调查)一般都是非连续的,特别是对系统故障这样被控制的事件,其信息量较小。借助本书第 2 章的 CSFT 研究成果,可采用一些方法将这些非连续的离散数据进行转化,以便使用 CSFT 处理。下面给出离散型空间故障树的概念。

定义 2.9　离散型空间故障树:处理数据可以是长时间积累的,间隔任意跨度,但发生故障时的系统运行环境要充分记录,以满足 DSFT 使用要求。

DSFT 范畴内处理离散数据的方法分为两类:一是将离散数据通过某些方式确定其变化规律,得到相应的特征函数,进而转化为 CSFT 进行处理;二是直接寻找新的方法进行处理。例如,CSFT 可分析系统在一定工作环境范围内的故障发生趋势。为了使 DSFT 具有相同功能,可使用神经网络求导原理加以实现。

在离散累计数据条件下,确定整个系统的故障概率空间分布,如图 2-3 所示。按照由浅入深的原则,这里暂不考虑系统整体和结构,研究系统中某个元件在离散累计故障数据下是否能使用 DSFT。在离散累计故障数据下,研究元件故障与工作条件因素变化之间的关系,确定是否能在 DSFT 框架下得到元件故障概率特征函数和故障概率空间分布。这两个定义与定义 2.3 和定义 2.4 相同,但确定方法不同。

2.3.2　DSFT 下的故障概率空间分布

为了在离散故障数据条件下得到故障特征函数和故障概率空间分布,首先确定特征函数,然后确定故障概率空间分布。

定义 2.10　因素投影拟合法:主要处理 DSFT 下的离散数据。具体分为两步:第一步根据参考因素将离散信息点沿着参考因素坐标轴进行投影,形成二维平面点图(降低影响因素维度);第二步在点图基础上通过适当的方法和函数对这些点进行拟合,最终得到该因素的特征函数。

当分析因素维度较高时,具体步骤如下:第一步将持续降维,直至降低到一维影响因素与故障概率能形成二维平面点图;第二步采取适当方法表示该因素与故障概率变化关系,得到特征函数;第三步将各因素得到的特征函数根据逻辑或关系叠加形成故障概率空间分布。

(1)先给出离散故障数据

为体现研究的连续性和与 CSFT 结果进行对比,对图 2-1 中元件 x_1(下文未特殊说明的,元件均指 x_1)在 500 d 内的故障进行统计,如图 2-11 所示。相应地,这段时间内工作温度-时间曲线如图 2-12 所示。

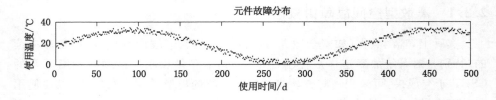

图 2-11 500 d 内故障情况统计

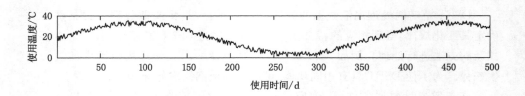

图 2-12 工作温度-时间曲线

(2) 对图 2-11 和图 2-12 进行说明

如图 2-11 所示,这里假设影响元件的因素只有工作时间 t 和工作温度 c。那么,根据式(2-1),图 2-11 中故障分布是元件 x_1 对温度 c 和时间 t 响应结果的综合体现。但是,如何根据图 2-11 给出的信息确定元件 x_1 的特征函数($P_i^t(t)$ 和 $P_i^c(c)$,$i=1$)是研究问题的关键。

图 2-12 与图 2-11 对应,代表这段时间的温度变化。x_1 元件对使用时间 t 和使用温度 c 变化均敏感。

为确定特征函数,首先分析图 2-11 中数据特征。$P_i^t(t)$ 和 $P_i^c(c)$ 分别是元件关于 t 和 c 的特征函数,$P_i^t(t)$ 反映使用时间 t 对元件故障率的影响;而 $P_i^c(c)$ 反映使用温度 c 对元件故障率的影响。即 $P_i^t(t)$ 对 t 敏感,而忽略使用温度 c 的影响;$P_i^c(c)$ 对 c 敏感,而忽略使用时间 t 的影响。基于该思路,在图 2-13 中分别沿着 t 轴和 c 轴进行投影,得到元件故障对使用时间 t 的分布和使用温度 c 的分布,分别如图 2-13 和图 2-14 所示。

图 2-13 和图 2-14 分别考虑了使用时间 t 和使用温度 c。在图 2-13 中,1 代表发生故障,0 代表未发生故障。由图 2-13 可知,元件对时间 t 的故障分布。每隔 50 d 出现若干时间点的故障为 0 的状态,然后故障一直维持在状态 1,说明对于使用时间 t 而言,图 2-13 中该元件故障概率变化周期为 50 d。将监测数据根

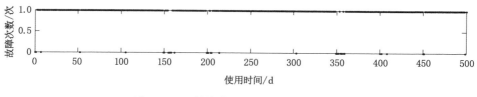

图 2-13 元件故障对于使用时间 t 的分布

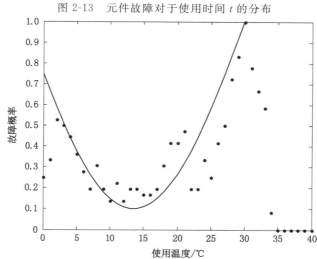

图 2-14 归一化后的元件故障概率对 c 的分布

据 50 d 的周期进行合并,即按 50 d 划分图 2-13 中数据为 10 部分,其中 1~50 d 为第一部分,51~100 d 为第二部分……451~500 d 为第十部分。第二部分 51 d 的数据向前平移 50 d……第十部分 451 d 的数据向前平移 450 d。此后,根据 0~50 d 最大故障数将故障次数归一化,得图 2-15。图 2-14 中周期性变化不明显,作为一个周期进行处理,已进行了归一化。

根据图 2-14 和图 2-15 中点的分布进行曲线拟合,其中图 2-14 中点分布类似于正弦曲线的一部分。设 $P_i^c(c) = \sin\left(\dfrac{c - c_0}{C} \times 2\pi\right) + A$,式中 C 为正弦曲线周期;c_0 为正弦曲线的平移量;A 为正弦曲线的垂直位移量。同时,从图 2-14 中 30~40 ℃ 区间内点的分布可知,30~35 ℃ 区间内点表示的故障概率逐渐减小,35~40 ℃ 区间的概率为 0。这并不表示元件的故障概率本身减小,而是元件 x_1 在该温度区间工作的概率很小(图 2-11),归一化后使故障概率进一步减小。所以,在30~40 ℃ 区间内,设 $P_i^c(c) = 1$,使用最小二乘法得到 0~40 ℃ 区间内关于温度 c 的特征函数 $P_1(c)$,见式(2-8)。研究区域内的故障概率空间分布如图 2-16 所示。

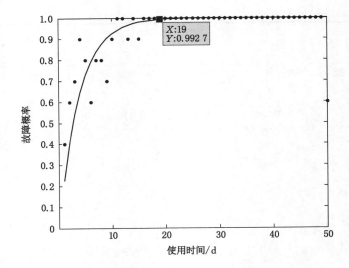

图 2-15　归一化后的元件故障概率对 t 的分布

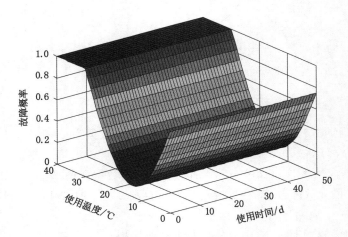

图 2-16　元件对于 c 的故障概率空间分布图

$$P_1^c(c) = \begin{cases} \sin\left(\dfrac{c - 32.22}{70.32} \times 2\pi\right) + 1.126, \ 0\ ℃ \leqslant c \leqslant 30\ ℃ \\ 1, \ 30\ ℃ < c \leqslant 40\ ℃ \end{cases} \quad (2\text{-}8)$$

同理分析图 2-15 中点的分布，得到 0～19 d 内点的分布近似于指数曲线，故设 $P_1^t(t) = 1 - \mathrm{e}^{kt}$。19 d 后故障概率约等于 1，即 $P_1^t(t) = 1$。使用最小二乘法得到 0～50 d 内关于时间 t 的元件 x_1 特征函数 $P_1^t(t)$，见式(2-9)。研究区域内的故障概率空间分布如图 2-17 所示。

$$P_1^t(t) = \begin{cases} 1 - e^{-0.258\,9t}, & 0\ \mathrm{d} < t \leqslant 19\ \mathrm{d} \\ 1, & 19\ \mathrm{d} < t \leqslant 50\ \mathrm{d} \end{cases} \tag{2-9}$$

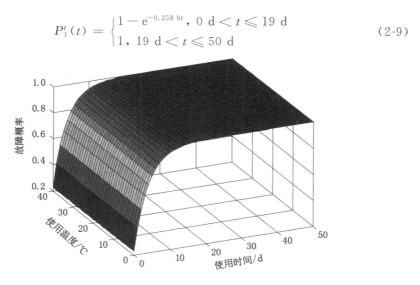

图 2-17　元件对于 t 的故障概率空间分布

由于只考虑了工作时间 t 和工作温度 c 对元件 x_1 故障的影响，所以根据 $P_i(t,c) = 1 - (1 - P_i^t(t))(1 - P_i^c(c))$，即可得元件 x_1 的故障概率空间分布，如图 2-18 所示。

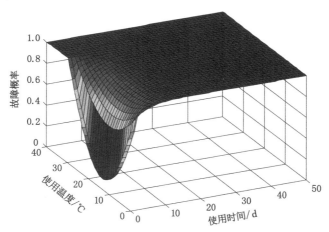

图 2-18　DSFT 下 x_1 元件的故障概率空间分布

2.3.3　相关研究

（1）因素投影拟合法的不精确原因分析

基于 DSFT 概念，为了了解因素投影拟合法得到的元件故障概率空间分布与 CSFT 所得的相对准确的分布存在较大差别的原因，即分析原有因素投影拟合法的不精确原因，本节重新分析了该方法的计算过程。结果表明，元件关于使用时间 t 和使用温度 c 的特征函数 $P_t^i(t)$ 和 $P_c^i(c)$ 的确定是不准确的。对这两个函数进行重新构建，通过一系列推导，我们得到了其表达式分别为 $\dfrac{P(t,c) - l^t(t) - c_0}{1 - c_0}$ 和 $\dfrac{P(t,c) - l^c(c) - t_0}{1 - t_0}$。对比分析表明，原方法得到的函数线形与真实结果一致，只是缩放程度和平移量不同，所以仍具有借鉴意义。尽管 c_0 和 t_0 形成了 $(c_0 - 1)(t_0 - 1) = A$ 的函数簇，但是仍然无法具体确定。

（2）ANN 的 DSFT 中故障概率空间分布确定方法

为了解元件工作环境因素对元件故障概率的影响，在离散型空间故障树概念下，本书提出了使用神经网络确定元件故障概率空间分布的方法。以元件实际的故障监测数据为 ANN 的训练集合，以元件使用时间 t 和使用温度 c 作为输入变量，以元件故障概率作为输出变量进行训练，进而预测范围 $c = 0 \sim 40$ ℃、$t = 0 \sim 50$ d 内的元件故障概率空间分布，并与另外两种方法得到的结果进行了比较。比较分析证明：使用 DSFT 的 ANN 预测法所得结果要比使用 DSFT 的因素投影拟合法更为接近 CSFT 的相对真实结果。特别是"黑盒"角度分析系统时，更适合使用 DSFT 的 ANN 预测法。

（3）ANN 求导的 DSFT 中故障概率变化趋势研究

为了在遇到不利工作环境之前提前采取措施控制元件故障发生，本书提出基于 ANN 求导的元件故障概率变化趋势的确定方法。该方法可在不了解系统或元件构成和性质的情况下，仅利用实际故障监测数据分析不同工作环境下元件故障概率变化的趋势和程度；同时，该方法也充实了空间故障树下的离散型空间故障树理论。本书给出了 ANN 求导法处理问题的理论基础和公式推导；结合了一个元件进行了方法的应用，并最终得到了该元件的故障概率变化趋势，为实际生产中"先知先觉"的故障预防控制措施提供参考。

（4）DSFT 的因素重要度和因素联合重要度

为了完善离散型空间故障树体系框架，明确在离散数据条件下如何表示多个工作环境因素同时变化对元件或系统故障概率的影响程度及特征，本书提出了因素重要度分布和因素联合重要度分布概念，构建了多输入单输出的 3 层 BP 神经网络；同时，利用该网络计算输出值对输入值的偏导数，其阶数等于所考虑的环境因素数量，得出了一阶、二阶和三阶偏导数的推演结果，进而得到因素重要度分布和因素联合重要度分布规律。结果表明，为了保持系统稳定且易于运行，系统所处环境需满足两个区域条件：一是因素重要度分布和因素联合重要度分布绝对值较小,且处于相对波动较小的工作条件区域;二是 DSFT 下故障概率分布值较小的工作条件区域。两个区域条件中,优先保证后者。

（5）系统元件结构反分析

为在黑盒层面上猜测系统可能的内部结构,在已知元件或子系统状态和相应系统状态情况下,本书建立了系统元件结构反分析子框架（inward analysis of system component structure,IASCS）。它作为 SFT 框架的一部分,定义了适合 IASCS 的 01 型空间故障树,其结构化表示法为表法。该框架主要定义和论述了 IASCS 中基于表法的分类推理法和逐条分析法,描述了分类推理法和逐条分析法的过程,说明了 IASCS 是一个系统结构反分析的人机认知体实例。使用这两种方法的推理结果表明,根据所给实例的 32 条可靠性状态,反分析得到实例的系统结构为 $T=x_1x_4+x_3x_5+x_1x_2x_3$,可得到与被分析系统功能一致的最简异构体;另外,也可通过对比简化原系统结构实现相同功能,达到既可以满足功能又可节约成本的目的。

（6）系统因素结构反分析

本书介绍了系统因素结构反分析子框架（inward analysis of system factor structure,IASFS）,从而了解在系统工作环境因素变化时系统可靠性的变化。本书根据其对应关系进行逻辑推理得到规则,进而形成系统等效响应结构,得到适合系统工作的因素状态组合。IASFS 也是 SFT 框架的一部分,根据 IASFS 的特点定义了 01 型空间故障树,其结构化表示法为图法和表法。基于表法的 IASFS 方法有逐条分析法和分类推理法。主要定义和描述了逐条分析法和分类推理法,说明了 IASFS 是一个系统结构反分析人机认知体。推理结果表明,就系统与因素的状态关系而言,系统结构为 $T=A_1A_4+A_3A_5+A_1A_2A_3$。逐条分析法和分类推理法可得到等效响应结构,其与被分析系统对工作环境因素变化响应相同。

（7）模糊结构元的 DSFT 重构

模糊结构元理论基于结构元 E 可充分表现元件或系统的故障离散数据特征,并将这些数据分布特点传递到最终计算结果,以便在最终结果中利用结构元 E 分析这些结果表达最初数据特征的程度,即结果的置信程度。特别是对 SFT 中的 DSFT 而言,分析基础是故障观测的离散数据。通过模糊结构元 E 线性生成的模糊值函数来代替特征函数,便可将 DSFT 的计算转换到 CSFT 中进行。当然,CSFT 也可使用这种结构元化的特征函数,但其精度低于 CSFT 本身的特征函数。所以,结构元重构 DSFT 是很有意义的,以便更有效地处理离散故障数据。为了使 DSFT 的研究结果能充分地反映实际故障数据离散分布特征,使其具有一定的置信能力,我们引入模糊结构元理论;将特征函数进行模糊结构元化来表征置信,使用结构元特征函数代替一般的特征函数,进而结构元化 DSFT 的概念和计算式；论证了模糊结构元特征函数构建的合理性，结构元化 DSFT 的相关概念和计算式。结构元化主要用于 DSFT，而 CSFT 的结构元化意义不大。

2.4   空间故障树的数据挖掘方法

2.4.1   定性安全数据化简和区分方法

目前，国内进行安全检查的核心方法仍是定性地描述安全情况并加以提炼，形成安全评价体系（如安全检查表）。这种方法虽然简便易行，但评定的好坏很大程度上取决于安全评价执行者的经验和知识，其定性评价受评价者主观影响较大。尽管定性评价已经存在相当长的一段时间了，但定性安全描述具有语义不明确、冗余等缺点。如何能对定性的安全情况描述语言进行概念化分析，通过推理和化简得到精炼明确的安全性描述，形成可区分不同安全性的概念，这些成为保证安全评价有效性的当务之急。本节应用因素空间理论的概念分析和推理能力，对安全情况论述信息使用概念分析表进行推理和化简，以降低信息中冗余部分对定性安全评价的影响，得到简洁准确的安全性概念，从而对不同安全等级进行区分。

2.4.2   定性安全数据的因果关系挖掘

一些因素决定了一个系统的安全性，这些因素是固有的，其关键在于如何找到这些因素，如何能了解这些因素与系统安全之间的定性或定量关系。因此，发现某个系统与其安全性相关的全部因素是很难实现的。目前，一般做法是通过日常记录一些系统关键特征和安全特征作为基础资料研究因素影响系统安全性的程度；或者记录一些突发性的灾变事件，从中提取因素突变与系统安全性突变之间的关系。这样可以了解系统安全性与影响因素之间的关系，形成以记录表形式储存的数据库。因此，如何从这些有层次关系的数据表中找出系统安全性与其影响因素的关系成为关键问题。安全检查表是一种定性的安全状态衡量工具，其中有很多检查事项，这些事项则是被检查系统的某些属性和指标。另外，安全检查表是日常检查的例行项目，长时间的累积便可形成一个由安全检查表组成的数据库。该数据库可以表征影响因素和系统安全之间的某些联系。考虑到空间故障树的特点，有必要分析系统可靠性与其影响因素之间的因果关系，以减小信息冗余，精确定位影响系统可靠性的因素。本小节使用因素空间理论的因素分析法处理该问题，其能在因素关联数据表上自动找出表中所含的因果关系，并应用于工矿的安全分析。

2.4.3　系统适应性改造成本确定

系统使用者总希望系统有较高的可靠性,更重要的是其可靠性的变化不能太大,否则使用者便无从把握系统。为使系统在不同工作环境下的可靠性稳定,需对系统采取一系列措施进行适应性改造。如何确定这些措施的成本,在元件或子系统层面确定,还是在整个系统层面确定,这些对提前应对环境变化而进行的准备工作有指导意义。借鉴因素空间与空间故障树理论,构造一套确定系统适应工作环境迁移所需改造措施成本的方法。首先确定子系统在不同状态之间迁移适应性改造措施及其成本;然后根据空间故障树对系统的结构化表示确定整个系统在不同状态之间迁移适应性改造措施及其成本。

2.4.4　因素影响下系统中元件重要性确定

系统中各种元件对系统可靠性影响不同,研究时应主要关注那些经常发生故障被换掉的元件。在系统工作环境变化中不同元件的可靠性是不同的,如2.1 节中描述的系统。尽管 2.1 节中系统是较简单的,可使用空间事故树理论进行可靠性分析,但对于大型系统,这样的方法显得很困难。从实际出发收集了一个电气系统的维修资料,包括系统的故障次数、维修时更换的零件(种类及数量)及发生故障的时间和环境温度,从宏观统计角度确定元件与系统可靠性之间的关系。基于因素空间和空间事故树,构建了元件重要性确定方法。将元件可靠性敏感的使用时间和温度组成因素集,使用维修资料来研究那些被更换过的元件种类在不同条件下对系统可靠度的重要性并进行排序。

2.4.5　系统可靠性决策规则发掘方法

一般简单系统可使用如故障树等方法进行定量分析,多数是根据现场工作人员经验进行评判。例如,在对某电气系统安全性进行调研时,对一位操作者提出系统安全性问题后的回答是:系统在 12 ℃以下出现故障较多,工作七八十天后故障较多,系统严重不稳定。对此类现场经验描述,如何进行有效处理,如何在多位工作人员各不相同的模糊表述中发掘出有效的系统可靠性决策准则,这些是很有价值的。上述例子有以下特点:① 它是一个多因素决策系统;② 因素的表达是一个域值,一个范围;③ 基础数据来源于多个使用者的经验,不同的工作时间和工作环境使他们对系统的评价基础不同;④ 基础数据是人的一种对事物的描述,具有模糊性;⑤ 如何知晓这些描述的置信度,是否可以相互佐证。针对这些问题和数据特点,本节提出一套系统可靠性决策方法。该方法基于现场工作人员对系统可靠性的描述,通过数学方法发掘出可靠性程度的决策方法并带有置信度。

2.4.6　决策规则的相似度改进

在系统可靠性决策规则发掘方法基础上,本小节提出针对系统影响因素(即属性)为连续区间范围情况下,考虑因素对系统的并行影响作用,对相似度计算进行改进;使用改进后方法处理了原实例中系统安全性在不同使用时间和使用温度下的安全等级划分。

2.4.7　属性圆定义与对象分类应用

在 SFT 分析过程中,系统工作环境因素的变化是系统可靠性变化的唯一原因。为此,就要在现有的安全记录数据中找到因素变化与系统可靠性变化之间的关系,并且可以表示多种因素综合作用;提出属性圆的概念和方法来解决上述问题,使在单位属性圆内可表示无穷多个属性对对象的影响;进而分析对象的相似性,并转化为数值表达,得到对象集聚类划分规则。

2.4.8　改进属性圆相似度分析方法

为研究从模糊语义群中挖掘出决策规则并判定其正确性,基于空间故障树理论,提取语义群中影响决策规则的关键因素,使用在因素空间理论下定义的属性圆对这些因素进行表示;将对象之间的相似性用图形表示,考虑 3 种图形覆盖方式;最后得到相似性的解析解以便数值计算。得到的聚类原则为:严格遵照相似与不相似划分,参考模糊相似划分。结果表明,初始决策表中规则与现场调研得到模糊语义群挖掘出的规则相同,即决策集与对象集的对应关系说明对对象集的划分就其决策属性而言是准确的。

2.5　本章小结

空间故障树理论基础是空间故障树理论体系的基础。最基本概念和定义,如概率分布、特征函数、因素及事件重要度等都源于空间故障树理论基础部分的研究。本章论述了研究背景和意义、连续型空间故障树、离散型空间故障树以及数据挖掘方法等。从系统的结构上分析,连续型空间故障树是由内而外的,即了解系统内在特征,从而表现系统整体外在特征的方法;离散型空间故障树是由外到内的,即了解系统整体特征,反向研究系统内在结构的方法。两种方法分析和解决问题的角度是相反的,具有一定的互补性。同时,建立了一些基础的空间故障树数据挖掘方法,为后继研究奠定了坚实基础。

第 3 章　智能化空间故障树理论

随着科学技术的发展,系统可靠性分析面临着一些新的问题,包括多因素影响下的系统可靠性分析,大数据量级的故障数据分析,故障数据的离散性、随机性和模糊性处理,系统可靠性结构分析、系统可靠性的稳定性分析和故障维修率确定等。这些问题需要安全系统工程理论与大数据和信息科学协同研究、解决,相关研究成果见文献[96-105]。

3.1　研究概况

3.1.1　研究背景

可靠性研究是安全系统工程的重要组成部分,其源于系统工程理论,是安全科学的重要理论基础。安全在当今生产、生活中起着重要作用,特别是在工矿、交通、医疗、军事等复杂且又关系人民生命财产和具有战略意义的领域中更为重要。目前,已有的对系统可靠性研究还存在一些不足,具体如下:

(1) 研究中过分关注系统内部结构和元件自身可靠性,竭力从提高元件自身可靠性和优化系统结构来保证系统可靠性,但并未考虑一个事实——各种元件终究是由物理材料组成,在不同环境下其物理学、力学、电学等相关性质并不是一成不变的。也就是说,执行某项功能的系统元件功能性在元件制成之后主要取决于其工作环境。究其原因在于,不同工作环境下元件材料的基础属性可能是不同的,而在设计元件时相关参数基本固定。这样就导致元件在变化的环境中工作时随着基础属性的改变,其执行特定功能的能力也发生变化,致使元件可靠性发生变化。进一步地讲,即使是一个简单的、执行单一功能的系统,也要由若干个元件组成。如果考虑每个元件随工作环境变化的可靠性变化,那么该系统随工作环境变化的可靠性变化就相当复杂了。

据法国宇航防务网站披露，F-35 最新被发现、最致命的缺陷是如果燃油超过一定温度，战机将无法运转。该报道称，最早是美国空军网站公布的照片显示一辆外表重新喷涂过的燃料车，其说明上写着"F-35 战机存在燃料温度阈值，如果燃料温度太高，战机将无法工作"。据有关报道称，将燃料车涂为白色或绿色以反射阳光照射的热量，是美国空军应对 F-35 燃料温度问题的临时办法之一。另一种措施是重新规划停车场，保证机场的燃料车能停放在阴凉的地方。

在上例中，飞机的设计阶段似乎没有考虑其在使用过程中环境因素（如温度、湿度、气压、使用时间等）对其可靠性的影响，导致飞机在实际使用过程中故障频出，严重影响了原设计试图实现的功能。因此，如何能够在充分考虑使用环境因素下研究系统的可靠性，研究不同环境因素对系统中子系统或元件功能可靠性的影响程度，进而研究整个系统在环境因素变化中的功能适应性，这些成为学者们亟待解决的问题。

（2）可靠性研究的主要议题是系统如何失效、如何发生故障、什么引起了故障。目前，一些研究成果较多反映故障概率与影响因素之间的关系，且这些关系多数以定量形式的函数表示。另一些研究成果则较多反映故障原因与故障本身的因果关系，其主要问题在于故障发生受多因素影响，显性和隐性因素并存，且难以区分因素间的关联性。另外，现场故障数据一般数据量较大，且存在数据的冗余和缺失，现有安全系统工程方法难以解决，特别是针对大数据的计算机推理因果分析在安全系统工程领域尚未出现，更无法分析可靠性与影响因素之间的因果关系。

（3）系统在日常使用和维护过程中会形成大量的监测数据，属于大数据量级，如安全检查记录、故障或事故的记录、例行维护记录等。这些数据往往能够反映系统在实际情况下的功能运行特征，而这些特征一般可表示为在某工作环境下系统运行参数是多少，或者在什么情况下出现了故障或事故。由此可见，这些监测数据不但能够反映工作环境因素对系统运行可靠性的影响，而且其数据量较大，可全面分析系统可靠性。所以，科研人员应研究适应大数据的方法，从而将这些故障数据特征融入系统可靠性分析过程和结果中。

（4）基于系统设计阶段的设计行为并不能够全面考虑使用阶段可能遇到的不同环境，所以设计后系统在使用期间会遇到一些问题，特别是航天、深海和深地等领域所使用的系统会遇到极端工作环境。因此，单纯在设计角度从系统内部研究整个系统的可靠性是不稳妥的。该问题可概括为系统可靠性结构反分析问题，即当人们知道系统组成的基本单元可靠性特征和系统所表现出的可靠性特征时，如何反推系统内部可靠性结构。当然，该内部结构是一个等效结构，可能不是真正的物理结构。

（5）系统中元件特性由于物理材料对不同环境的响应不一，环境变化导致材料性质变化，进而导致元件功能可靠性性改变。系统由这些元件组成，在受到不同环境影响时，系统可靠性也是变化的，这是普遍现象。但从另一角度来看，环境因素变化是原因，系统（元件）可靠性或故障率变化是结果，即故障率随着环境变化而变化。将环境影响作为系统受到的作用，而故障率变化作为系统的一种响应，组成一种关于可靠性的运动系统，进而讨论故障率变化程度和可靠性的稳定性。稳定的可靠性或故障率是系统投入实际使用的重要条件，如果可靠性或故障率变化较大，则系统功能无法控制。研究使用运动系统稳定性理论对可靠性系统进行描述和稳定性分析是一个关键问题。

上述问题是当代安全科学的重要研究领域，也是安全科学与信息科学、计算机科学以及数学的重要交叉研究方向。本书尝试在空间故障树理论框架内对这些问题进行初步解决。

3.1.2　研究意义

系统可靠性是安全科学与系统科学交叉研究的产物，从日常工矿生产到航空国防领域都要确保系统运行的可靠性，传统可靠性分析方法不能适应大数据和多因素影响分析，难以满足当今智能处理和大数据环境要求。对于当今和未来的系统可靠性分析，应具备智能和大数据处理能力，可分析故障与因素间因果关系，蕴含大数据中的不确定性，分析针对故障的系统可靠性功能结构，并可确定系统可靠性是否稳定。本研究可为大数据环境下的系统可靠性分析提供方法，此方法将蕴含逻辑推理、功能结构分析和可靠性稳定性分析。另外，本研究对空间故障树、因素空间和云模型的结合及系统可靠性研究有重要的理论意义，而在空间故障树框架内应用于实际系统的可靠性研究具有实际意义。

3.1.3　研究内容

本章是空间故障树理论的发展，将围绕空间故障树的云模型改造、可靠性与影响因素分析、系统可靠性结构分析、可靠性变化特征研究、云模型在系统安全分析中的应用、元件故障维修率确定等几方面展开。涉及的理论主要包括空间故障树、云模型、因素空间理论、微分方程稳定性、网络拓扑等。主要研究内容如下：

（1）引入云模型改造空间故障树。以故障概率衡量可靠性，云化空间故障树继承了 SFT 分析多因素影响可靠性的能力，也继承了云模型表示数据不确定性的能力，从而使云化空间故障树适用于实际故障数据的分析处理。该研究提出云化概念如下：云化特征函数、云化元件和系统故障概率分布、云化元件和系统故障概率分布变化趋势、云化概率和关键重要度分布、云化因素和因素联合重要度分布、云化区域重要度、云化径集域和割集域、可靠性数据的不确定性分析。

（2）给出了基于随机变量分解式的可靠性数据表示方法；提出了可分析影响因素和目标因素之间因果逻辑关系的状态吸收法和状态复现法；构建了针对 SFT 中故障数据的因果概念分析方法；根据故障数据特点，制定了故障及影响因素的背景关系分析法。另外，根据因素空间中的信息增益法，制定了 SFT 的影响因素降维方法；提出了基于内点定理的故障数据压缩方法，其适合 SFT 的故障概率分布表示，特别是对离散故障数据处理；给出了可控因素和不可控因素的概念。

（3）提出了基于因素分析法的系统功能结构分析方法，认为因素空间能够描述智能科学中的定性认知过程。基于因素逻辑，建立了系统功能结构分析公理体系，给出了定义、逻辑命题和证明过程，提出了系统功能结构的极小化方法，简述了空间故障树理论中系统结构反分析方法，论述了其中分类推理法与因素空间的功能结构分析方法的关系。使用系统功能结构分析方法，分别对信息完备和不完备情况的系统功能结构进行了分析。

（4）提出了作用路径和作用历史的概念。前者描述系统或元件在不同工作状态变化过程中所经历状态的集合，是因素的函数；后者描述经历作用路径过程中的可积累状态量，是累积的结果。尝试使用运动系统稳定性理论描述可靠性系统的稳定性问题，将系统划分为功能子系统、容错子系统、阻碍子系统。对这 3 个子系统在可靠性系统中的作用进行了论述。根据微分方程解的 8 种稳定性，解释了其中 5 种对应的系统可靠性含义。

（5）提出了基于包络线的云模型相似度计算方法。该方法适用于安全评价中表示不确定性数据特点的评价信息，对信息进行分析、合并，进而达到化简的目的。为了使云模型能方便有效地进行多属性决策，该方法对已有属性圆进行了改造，使其适应上述数据特点，并且能够计算云模型特征参数。同时，提出了可考虑不同因素值变化对系统可靠性影响的模糊综合评价方法，利用云模型对专家评价数据的不确定性处理能力，将云模型嵌入 AHP 中，对 AHP 分析过程进行云模型改造，并且对原有 T-S 模糊故障树和 BN 的可靠性评估方法进行工作环境因素影响下的适应性改造。进一步构建合作博弈 - 云化 AHP 算法：根据专家对施工方式选择思维过程的两个层面，在算法中使用了两次云化 AHP 模型，给出了云化 ANP 模型及其步骤。

（6）提出了 SFT 中元件维修率确定方法，分析了系统工作环境因素对元件维修率分布的影响。使用 Markov 状态转移链和 SFT 特征函数，推导出串联系统和并联系统的元件维修率分布。针对不同类型元件组成的并联、串联和混联系统,实现了元件维修率分布计算并增加了限制条件。利用 Markov 状态转移矩阵,通过计算得到的状态转移概率取极限得到最小值,同时利用维修率公式计算状态转移概率的最大值。通过限定不同元件故障率与维修率比值,将比值归结为同一参数,随后利用转移状态概率求解相关参数的方程,从而得到维修率表达式。

3.1.4　研究方法

在现有 SFT 研究基础上与因素空间理论和云模型相结合,使 SFT 具有分析故障大数据和智能处理能力。主要内容包括:SFT 的云模型改造、可靠性与影响因素关系分析、系统可靠性结构分析、可靠性变化特征研究、云模型在系统安全分析中的应用、元件维修率分布确定。

本书研究的技术路线如图 3-1 所示;已有研究和本书研究内容关系如图 3-2 所示。

综上所述,本书研究方法是基于空间故障树,将因素空间和云模型嵌入空间故障树中,完成相关理论的构建;使用 MATLAB 实现程序和算法,并对一些实例进行分析,从而验证算法的有效性。

3.2　云化空间故障树

如果说系统生命周期过程中其结构组成是相对固定的,那么系统与子系统、子系统与元件的连接结构在可分析层面上总是清晰的。即在系统可拆解情况下,系统的结构是清晰的,而组成系统的元件可靠性的获得则比较困难。不同元件由于其物理材料不同,导致其工作性能受到不同因素影响,且影响程度也是不同的。例如,对于电器系统中的二极管,其故障概率与工作时间的长短、工作温度的大小、通过电流及电压等有直接关系。如果对这个系统进行分析,各个元件的工作时间和工作温度等可能都不一样,随着系统整体的工作时间和环境温度的改变,系统的故障概率也是不同的。因此,如何准确地得到元件可靠性是一个关键问题。

对于系统或元件的可靠性确定方法已有一些研究报道,但这些方法普遍存在以下几个问题。第一,这些方法没了解系统与组成系统的子系统或元件之间的构成关系,而单纯地在系统整体层面上采用数理统计或算法分析系统可靠性。这样在系统级别的分析中既是模糊的,而在清楚系统结构后的分析也是模糊的。

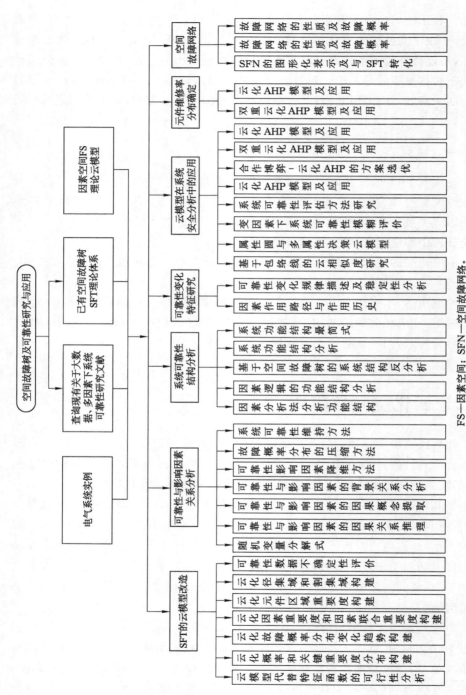

FS—因素空间；SFN—空间故障网络。

图3-1 技术路线图

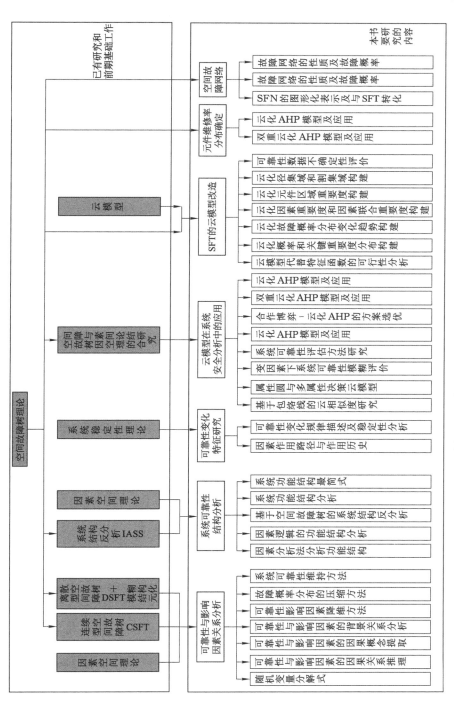

图3-2 已有研究和本书研究内容的关系

虽然对于可靠性的分析二者均模糊,但后者比前者的模糊性小得多。第二,这些方法没有从影响系统可靠性的因素出发来研究。如上例所述,系统可靠性的变化是由于元件可靠性的变化导致的,而元件可靠性变化则是由于工作环境条件因素变化导致的。所以,从因素变化研究元件可靠性变化,进而了解系统可靠性变化特征是本质的途径。第三,最基本的元件可靠性的获得也存在问题。一般情况下,元件不可再拆分,其可靠性是通过试验得到的。但是,不同的试验条件得到的可靠性可能不同,即使在相同条件下,元件可靠性试验结果也存在着一定的模糊性和随机性。

针对上述三个问题,运用作者提出的空间故障树理论(SFT)即可解决前两个问题。对于第三个问题,要通过修改 SFT 中的特征函数来解决。作者已经使用模糊结构元理论对特征函数进行了重构,形成了结构元化特征函数和结构元化 SFT,但该方法较为复杂和烦琐。这里,作者将李德毅院士提出的云模型引入,将正向云模型发生器解析式作为特征函数,进行云化特征函数和云化 SFT 的构建。这样做的好处是将根据某因素得到的元件可靠性数据代入逆向云模型发生器,得到特征参数,然后代入正向云模型发生器解析式,可方便地得到特征函数,进而对系统可靠性进行分析。

3.2.1　云模型及其数字特征

设 U 为一个用精确值表示的定量论域,C 为 U 上的定性概念,若定量数值 $x \in U$,且 x 是定性概念 C 的一次随机实现,x 对 C 的隶属度 $\mu(x) \in [0,1]$ 是具有稳定倾向的随机数 μ,即 $\mu:U \rightarrow [0,1]$,$\forall x \in U$,$x \rightarrow \mu(x)$,则 x 在论域 U 上的分布称为云,记为 $C(x)$,其中每个 x 称为一个云滴$(x,\mu(x))$。

云的数字特征反映了定性概念的定量特征,用期望 E_x、熵 E_n 和超熵 H_e 表征,记为 $C(E_x,E_n,H_e)$。期望 E_x 表示论域空间最具代表性的定性概念值,反映了论域空间的中心值。熵 E_n 是定性概念模糊性和随机性的综合度量,一方面反映了论域空间中可被定性概念接受的云滴的取值范围,另一方面又能反映云滴的离散程度。超熵 H_e 描述熵的不确定性度量,反映了论域空间中云滴的凝聚程度,H_e 值越大,云滴的厚度就越大[106-107]。

3.2.2　云发生器

生成云滴的算法或硬件称为云发生器,包括正向云、逆向云、X 条件云和 Y 条件云发生器。正向云发生器实现了预言值表达的定性信息中获得定量数据的范围和分布规律,具有前向、直接的特点。正向云发生器,其生成所需数量的云滴过程如下:

输入：一维定性特征参数 (E_x, E_n, H_e) 及云滴数 N。

输出：N 个云滴定性值 x 及代表概念确定度的 $\mu_q, q = 1, \cdots, N$。

（1）生成以 E_n 为期望，H_e 为标准差的正态随机数 $E_n{}'$；

（2）生成一个以 E_n 为期望，若 $E_n{}'$ 的绝对值为标准差的正态随机数 x_q，则 x_q 称为论域空间 U 的一个云滴。

（3）计算 $\mu_q = \exp[-(x_q - E_x)^2 / 2(E_n{}')^2]$，则 μ_q 为 x_q 关于 C 的隶属度；

（4）循环步骤（1）～步骤（3），生成 N 个云滴，停止。

逆向云发生器是将一定数量的精确数值有效转换为恰当的定性语言值，具有逆向、间接的特点。文献[108]对逆向云算法做了改进，保证任何云滴样本输入计算得到的超熵值都是正实数，减小了计算误差。算法具体步骤如下：

输入：N 个云滴样本定量值 x_q。

输出：云滴样本表示的定性概念特征参数 (E_x, E_n, H_e) 的估计值。

（1）根据 N 个云滴定量值 x_q 计算样本平均值 $\overline{X} = \dfrac{1}{N}\sum\limits_{q=1}^{N} x_q$；

（2）$\hat{E}_x = \overline{X}$；

（3）$\hat{E}_n = \sqrt{\pi/2} \cdot \dfrac{1}{N}\sum\limits_{q=1}^{N} |x_q - \hat{E}_x|$；

（4）云滴样本方差：$S^2 = \dfrac{1}{N-1}\sum\limits_{q=1}^{N}(x_q - \hat{E}_x)^2$，$\hat{H}_e = \sqrt{|S^2 - \hat{E}^2|}$。

3.2.3　云模型代替特征函数的可行性分析

前文介绍了 SFT 基本理论和云模型方法。其中，SFT 对系统可靠性分析的基础是得到可表示某因素影响元件可靠性的特征函数，这个特征函数在 CSFT 和 DSFT 中均存在。CSFT 中的特征函数是通过较为严谨的实验室试验得到的，但在科学的试验方法下，元件失效的发生还是具有随机性和模糊性的。DSFT 中的特征函数是通过系统实际运行过程表现出的故障统计数据通过数据处理方法（数据拟合或因素投影拟合法）得到的，这些数据有较大的离散性，且影响因素的变化更为自由和复杂，这样得到的特征函数较 CSFT 更具有随机性和模糊性。

为了能够方便地表示数据的随机性和模糊性特征，就需要一种具备上述能力的算法或模型代替 SFT 中的特征函数。

一般认为，元件的可靠性服从指数分布，或者是峰值具有稳定区的指数分布（如浴盆曲线）。理论上，通过试验得到的或通过实际运行得到的可靠性数据分布特征应是正态的分布在这个曲线周围。研究表明，越接近曲线数据密度越大，反之密度越小,那么,所选代替特征函数的方法应该能够表示这个特征。

目前具备表示这个数据分布特征且简便易行的模型便是李德毅院士提出的云模型。云模型发生器生成的云滴正是围绕着发生器解析式曲线正态分布的数据点,这与可靠性数据分布特征是相同的。云模型生成的云滴隶属度为[0,1],这与可靠性值域[0,1]相同。另外,云模型的变形形式已有多种,可以满足可靠性数据的分析要求。因此,利用正向云模型发生器解析式代替特征函数是可行的,即形成云化特征函数。其主要步骤如下:首先将根据某因素得到的元件可靠性数据代入逆向云模型发生器,得到特征参数;然后代入正向云模型发生器解析式;最后将该解析式被 1 减作为元件对于该因素的云化特征函数。

云化特征函数可以用于 CSFT 和 DSFT 分析,但 CSFT 的特征函数来自实验室,DSFT 来自实际运行数据。因此,考虑模糊性和随机性的情况下,特征函数的精确性排序为:CSFT 的特征函数>云化特征函数>DSFT 的特征函数;可操作性排序为:云化特征函数> CSFT 的特征函数> DSFT 的特征函数。研究云化特征函数是很有理论和实际意义的,下面给出云化特征函数的构造过程。

根据正向云模型生成器解析式,如式(3-1)所列,式中符号参见 3.2 节中的云模型。

$$\mu_q = \exp(- (x_q - E_x)^2 / (2 \times (\mathrm{rand}(1) \times H_e + E_n)^2)) \qquad (3\text{-}1)$$

考虑到式(3-1)生成的正太云滴分布可以表示元件对于某因素变化的可靠性变化,如上述电器元件对使用温度 c 变化的可靠性响应,而该电器元件对使用时间 t 变化的可靠性响应则是左半云。那么,元件对于某因素的可靠性可以用 μ_q 表示,而元件对于该因素的特征函数可以使用 $P_i^d(x) = 1 - \mu_q$,即特征函数可表示为:

$$P_i^d(x) = 1 - \exp(- (x - E_x)^2 / (2 \times (\mathrm{rand}(1) \times H_e + E_n)^2)) \qquad (3\text{-}2)$$

期望 E_x 表示因素变化过程中元件可靠性最大时的因素值;熵 E_n 表示因素变化过程中的可靠性数据的离散程度;超熵 H_e 描述熵的不确定性度量,即可靠性数据真实度的不确定性。

当然,式(3-2)这类特征函数是用正态云表示的。但是,不同元件对不同因素影响带来的可靠性变化并不一定都是正态的,这种情况可以使用半云与分段函数联合表示,或者用梯形云模型表示,或者用非对称云模型表示。这些云模型终究是正态云模型的变形,这里是用式(3-2)作为代表将特征函数云化,进而构建云化特征函数和云化 SFT 框架系统。

那么,在多因素影响下元件故障发生(基本事件)概率空间分布的云化,即云化元件故障概率分布表示为:

$$P_i(x_1, x_2, \cdots, x_n) = 1 - \prod_{k=1}^{n}(1 - P_i^d(x_k))$$

$$= 1 - \prod_{k=1}^{n}(1 - (1 - \exp(-(x_k - E_{x,k})^2/(2 \times (\mathrm{rand}(1) \times H_{e,k} + E_{n,k})^2))))$$

$$(3\text{-}3)$$

式中：n 代表因素个数；k 代表第 k 个因素对应的各参数；x_k 代表第 k 个因素的数值；$E_{x,k}$、$H_{e,k}$ 和 $E_{n,k}$ 分别代表对第 k 个因素影响元件可靠性数据进行逆向云模型生成的云模型特征参数。

先通过式(3-3)得到全部的云化元件故障概率分布，再通过系统结构分析得到元件组成系统的树形结构，便可以得到云化系统故障概率分布，进而可扩展完成云化 SFT 框架。

3.2.4　实例分析

根据 2.2 节所提供的电气系统实例，系统中元件受因素温度和湿度影响，系统中共有 5 个元件。下面分别对这些元件在温度和湿度变化过程中的可靠性变化数据进行统计，将统计数据代入逆向云模型，得到这些元件可靠性的云模型特征参数，如表 3-1 所列。

表 3-1　元件可靠性的云模型

因素	元件				
	x_1	x_2	x_3	x_4	x_5
温度影响/℃	C_1^c (20.11,6.05,1.55)	C_2^c (29.33,5.95,0.75)	C_3^c (25.16,7.90,1.05)	C_4^c (25.33,5.95,0.75)	C_5^c (22.06,7.37,1.15)
湿度影响/%	C_1^h (44.37,5.11,0.55)	C_2^h (50.75,6.83,0.35)	C_3^h (39.84,7.03,0.11)	C_4^h (45.90,8.43,1.89)	C_5^h (61.32,5.99,0.87)

首先对元件 x_1 进行云化分析，其可靠性受温度 c 和湿度 h 影响的云模型分别是 $C_1^c(20.11, 6.05, 1.55)$℃ 和 $C_1^h(44.37\%, 5.11\%, 0.55\%)$。那么，根据式(3-2)和式(3-3)可以得到元件 X_1 的云化元件故障概率分布，如式(3-4)所列：

$$\begin{cases} P_1^c(c) = 1 - \exp(-(c - 20.11)^2/(2 \times (\mathrm{rand}(1) \times 1.55 + 6.05)^2)) \\ P_1^h(h) = 1 - \exp(-(h - 44.37)^2/(2 \times (\mathrm{rand}(1) \times 5.11 + 0.55)^2)) \\ P_1(c,h) = 1 - (1 - P_1^c(c)) \times (1 - P_1^h(h)) \end{cases}$$

$$(3\text{-}4)$$

根据该元件的工作范围，$c \in [0,40]$ ℃，$h \in [30\%,60\%]$，使用 MATLAB 绘制 x_1 的云化元件故障概率分布，如图 3-3 所示。

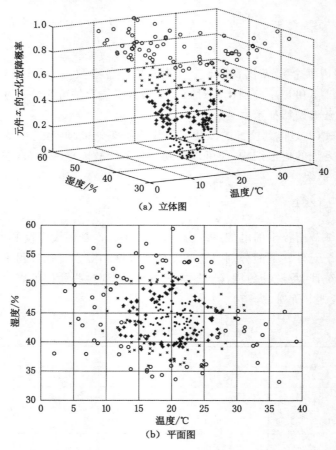

(a) 立体图

(b) 平面图

图 3-3　云化元件 x_1 故障概率分布

图 3-3 为生成的云化元件 x_1 故障概率分布。对图进行说明，故障概率 $\in [0,25\%)$ 用"·"表示；故障概率 $\in [25\%,50\%)$ 用"＊"表示；故障概率 $\in [50\%,75\%)$ 用"+"表示；故障概率 $\in [75\%,100\%]$ 用"。"表示。图 3-3 可清晰地反映在不同温度和湿度条件下该元件的故障概率。图 3-3 中心位置的故障概率较小，这个位置的因素状态是最适合该元件工作的状态，而距离这个状态越远，元件的故障概率就越高。

同理，根据式(3-4)确定其余 4 个元件的云化故障概率分布。根据该系统 SFT 结构表达式，可绘制该系统的云化故障概率分布，如图 3-4 所示。

$$P_T(t,c) = P_1P_2P_3 + P_1P_4 + P_3P_5 - P_1P_2P_3P_4 -$$
$$P_1P_3P_4P_5 - P_1P_2P_3P_5 + P_1P_2P_3P_4P_5 \qquad (3\text{-}5)$$

式中，$P_1 \sim P_5$ 为 $P_1(c,h) \sim P_5(c,h)$ 的简写。

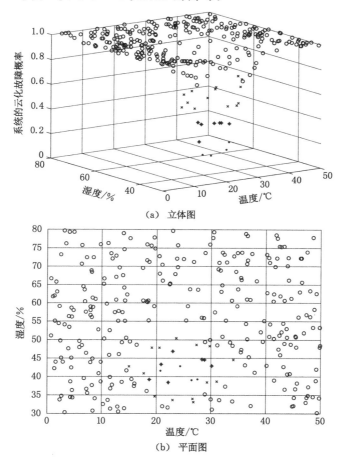

(a) 立体图

(b) 平面图

图 3-4　系统的云化故障概率分布

图 3-3 和图 3-4 完成了 SFT 中元件故障概率和系统故障概率的云化工作。可以看出，找出元件或系统适合工作（故障率低）的环境，即影响可靠性的环境因素变化范围，这对实际的生产安全提供了参考。

一方面，云化故障概率分布继承了云模型对数据模糊性，随机性和不确定性的表现能力；另一方面，故障数据逆向生成了云模型特征参数，带有这些参数的正向云模型发生函数可作为 SFT 中的特征函数，进而为 SFT 提供一种简便、易行的特征函数构造方法。

3.2.5　相关的研究

（1）云化概率和关键重要度分布构建

为了完善空间故障树理论，特别是离散型空间故障树对于系统实际运行过程中产生的具有离散性、随机性和模糊性的可靠性数据的适应性，提出了云化空间故障树方法。该方法利用云模型能表示数据的离散性、随机性和模糊性特点，重构 SFT 的计算基础，即特征函数；进而在 SFT 计算中保留原始数据特征，使最终结果也能诠释原始数据特征；主要完成了云化 SFT 理论环节中的一部分，即云化概率重要度分布和关键重要度分布；论证了引入云模型表示系统可靠性数据的必要性和可行性；给出了云化概率重要度分布和关键重要度分布的计算推导过程；并通过实例对这两个云化概念进行了计算。研究表明，云化 SFT 结果要比原 SFT 结果更为接近现实，包含了更多数据的原始特征。

（2）云化故障概率分布变化趋势构建

为了扩展空间故障树 SFT 的应用性，特别是处理具有离散性、随机性和模糊性（不确定性）的实际运行中系统产生的故障数据，利用云模型重构系统故障概率分布变化趋势的计算方法，通过故障概率分布变化趋势可得到系统故障概率随某一因素变化情况。建立云化故障概率分布变化趋势方法的目的在于：对于可靠性数据普遍存在的不确定性可使用云模型进行表示；构建的故障概率分布函数是连续的，可进行函数求导以方便得到变化趋势。我们将云化故障概率分布变化趋势方法应用于经典实例，得到了一些定性和定量结果，论述了该方法在理论和实际应用上的价值。

（3）云化因素重要度和因素联合重要度构建

为了使 SFT 的概念，特别是 DSFT 的概念能表示系统实际运行的故障数据的离散性、随机性和模糊性（不确定性），同时也为了方便应用和简化计算，可使用云模型对 SFT 理论中的概念进行重构。SFT 理论的构建是通过特征函数实现的，所以该过程的基础是云化特征函数。基于云化特征函数，重构了因素重要度分布和因素联合重要度分布的计算方法，这样就形成了云化因素重要度分布和云化因素联合重要度分布。这样做的好处在于，一方面可以将故障数据的不确定性较好地保留到最终结果，另一方面也使重要度分布的计算方法和过程更为简单且方便计算。通过计算典型系统对于温度和湿度因素的云化重要度分布和联合重要度分布，得到系统适宜工作和应避免工作的环境区域，进而指导系统的实际运行条件。

（4）云化元件区域重要度构建

根据原有 SFT 中的元件区域重要度概念，使用云模型进行重构。首先，使用云模型重构 SFT 的基础，得到了云化特征函数，进而完成了云化元件区域重要度。其次,给出了云化元件区域概率重要度和云化元件区域关键重要度的概念,根据原有研究给出了这两个概念的意义和计算推导过程,最终得到计算式,并论述云化这两个概念的必要性和意义。这样不仅可以反映基础故障数据的离散性、随机性和模糊性,而且更容易得到并对特征函数进行计算。其运算过程是模糊的,但这种模糊性最终表现在了云化结果中,反而使结果更加接近现实,也更有实际意义。通过实例进行上述概念的计算,使用 SFT 一贯的算例和实际数据得到云模型特征参数,根据相关算式得到了系统工作环境区域内的云化元件重要度排序。研究表明,云化后的计算更为方便且能表示原始故障数据的不确定性。

(5) 云化径集域和割集域构建

根据现有 SFT 对于系统或元件实际工作产生的故障数据处理能力不足的问题,提出使用 SFT 结合云模型的方法来解决该问题。针对云化 SFT 过程的一个环节,即云化径集域和云化割集域,我们进行了研究,指出了原有 SFT 对于实际故障数据处理能力的不足。可以认为,SFT 理论存在不足,特别是对于系统实际运行过程中故障数据的分析能力。由于此类数据具有模糊性、随机性和离散性(不确定性)的特点,即使使用 SFT 中的因素投影拟合法和模糊结构元化 DSFT 等方法,其分析能力仍不甚理想。云化特征函数是云化径集域和云化割集域的基础,云模型发生器生成的云滴与可靠性数据分布特征相同,云滴隶属度为[0,1]与可靠性值域[0,1]相同。云模型有多种衍生形式,可满足可靠性数据的分析要求,而且通过云模型特征参数的不同组合可以表示故障数据的模糊性、随机性和离散性。云化径集域和云化割集域的概念及计算方法具有理论和实际价值。在云化径集域和云化割集域中,P_b 起着分界线的作用,不同之处在于两个域没有严格的分界线,分布区域是通过云滴表示的。若云滴表示的元件/系统故障概率小于 P_b,这些云滴存在的区域即为云化径集域;反之,大于 P_b 的云滴存在的区域为云化割集域。通过实例分析元件和系统的云化径集域和云化割集域,得到它们适合工作的环境因素变化范围组合。研究表明,能克服分析所使用原始故障数据的不确定性。

(6) 可靠性数据不确定性评价

无论是实验室获得的故障数据,还是实际故障数据,都有一定的数据不确定性,即离散性、模糊性和随机性。这些不确定性主要是由于系统元件本身的固有特点造成的系统误差,可能是由于操作人员或检查人员造成的人因误差,也有可能是由于环境突变造成的系统随机失效。通过可靠性数据不确定性评价,给出使用云模型特征参数表示数据不确定性的原因。期望 E_x 反映了数据中心位置,将数据的随机性减小。熵 E_n 可以表示数据的模糊性、随机性和离散性。超熵 H_e 可以表示数据的不确定性。因此,数据的离散性可用熵 E_n、超熵 H_e 表示；随机性可用期望 E_x、熵 E_n、超熵 H_e 表示；模糊性可用熵 E_n、超熵 H_e 表示。给出了系统可靠性数据对某因素的不确定性的 3 个参数计算式。给出了可靠性数据的模糊性 $\delta_{模糊性}$、离散性 $\delta_{离散性}$ 和随机性 $\delta_{随机性}$ 的计算方法。

3.3　可靠性与影响因素关系研究

对系统可靠性数据分析应从两方面着手：一是掌握数据整体变化规律，由于受物理属性限制，总体趋势变化是清晰的，比如元件可靠性随使用时间而降低；二是局部数据的离散性和随机性，可能由于人-机-环境影响导致可靠性数据的无规律波动。根据汪培庄教授提出的因素空间中随机变量分解式框架，文献[84]提出用分解式第一项表示数据整体趋势，用第二项表示数据波动，用第三项表示局部数据不确定性，进而构建表示可靠性数据（故障概率）的特征函数。随机变量分解式如式（3-6）所列。

$$\xi = f(x) + f^{\wedge}(x) + \delta \tag{3-6}$$

式中，$f(x)$ 是一个以向量 x 为自变量的普通函数；$f^{\wedge}(x)$ 是由样本经过最小二乘或其他方法拟合形成的函数，它是对少数几个规律性较弱因素的精细处理；δ 是高斯分布，可看作噪声。

3.3.1　随机变量分解式构建

式（3-6）只给出了随机变量分解式框架。那么对可靠性数据的随机变量分解，主要考虑可靠性数据的因素影响范围；该影响范围的划分；划分区间内数据离散性和随机性表示。因素影响范围是因素变化导致可靠性变化的合理范围，确定需要研究的且去除不合理数据的范围。对该范围进行划分，要考虑数据点的分布特征，每个划分至少包含两个数据点才有意义。那么，式（3-6）等价于式（3-7）。

$$\xi = f(x) + f^{\wedge}(x) + \delta = \xi(L, I, \delta) \tag{3-7}$$

式中，L 为研究因素取值范围；I 为因素取值间隔（划分间隔）；I/L 为分辨率。

式（3-7）中，第三项 δ 表示沿故障概率轴方向数据的离散性和随机性。δ 服从高斯分布，可将某间隔内的故障概率值作为样本构建高斯分布 $\delta = \delta(\mu^p, \sigma^p)$，如式（3-8）所列。其中，$\mu^p$ 为该间隔内不同因素值对应的故障概率平均值，如式（3-9）所列；σ^p 为 μ^p 对应的故障概率方差，如式（3-10）所列。

$$\delta = \delta^p = \left\{ \delta_k^p \mid \delta_k^p = \frac{1}{\sqrt{2\pi}} e^{-\frac{(p_{i+I*k} - \mu_k^p)^2}{2\sigma_k^{p\,2}}} \right\}$$

$$(0 \leqslant i \leqslant I, k \in \{k \mid 0 \leqslant k, k \leqslant \lceil L/I \rceil\}) \tag{3-8}$$

式中,上标"p"表示故障概率的相关数据;k表示第 k 次的划分间隔。

$$\mu^p = \{\mu_k^p \mid \mu_k^p = \sum_{i=0}^{I} (p_{i+I*k})/(I+1)\}$$

$$(k \in \{k \mid 0 \leqslant k, k \leqslant [L/I]\}) \tag{3-9}$$

$$\sigma^p = \{\sigma_k^p \mid \sigma_k^p = \sqrt{\frac{1}{I+1}\sum_{i=0}^{I} (p_{i+I*k} - \mu_k^p)^2}\}$$

$$(k \in \{k \mid 0 \leqslant k, k \leqslant [L/I]\}) \tag{3-10}$$

式(3-7)中,第一项表示沿因素轴方向的数据规律性。由于 SFT 目前主要研究 c 和 t 对元件或系统的可靠性影响,所以只针对 c 和 t 进行讨论。第一项拟合的函数形式,如式(3-11)所列。温度与可靠性数据关系为正弦;时间与可靠性数据关系为指数。

$$f(x) = \begin{cases} \sin\left(\dfrac{c-c_0}{C} \times 2\pi\right) + A, & \text{温度拟合} \\ 1 - e^{-\lambda t}, & \text{时间拟合} \end{cases} \tag{3-11}$$

式中,x 表示因素,$x \in \{c,t\}$;c 表示温度;t 表示时间;c_0 表示温度偏移量;C 表示温度缩放量;A 表示故障概率偏移量;λ 为元件故障率。

式(3-7)中,第二项 $f^{\wedge}(x)$ 表示 $f(x)$ 与实际数据之间的残差波动。该项主要体现数据的随机性,用多项式残差拟合表示,如式(3-12)所列。

$$f^{\wedge}(x) = a_n x^n + a_{n-1} x^{n-1} + \cdots + a_1 x^1 + a_0 \tag{3-12}$$

式中,x 表示因素变量值。

元件故障概率特征函数如式(3-13)所列。

$$P_i = 1 - \prod_{q \in \{\text{factor}\}}^{n} (1 - P_i^q) \tag{3-13}$$

式(3-13)中,P_i^q 为第 i 个元件受第 q 个因素影响的故障概率变化特征函数,与随机变量分解式的等价关系式(3-14)所列。

$$P_i^q = \xi_i^q = f_i^q(x) + f_i^{q\wedge}(x) + \delta_i^{qp} \tag{3-14}$$

如果能确定多个因素分别对同一元件的可靠性影响,得到多个因素的特征函数,通过式(3-13)可确定该元件在多因素影响下的故障概率分布特点。进一步确定系统中每一个元件的 P_i,可以通过事故树结构分析得到整个系统的故障概率分布特点,如式(3-15)所列。

$$P(T) = \sum_{r=1}^{K} \prod_{x_i \in E_r} q_i - \sum_{1 \leqslant r \leqslant s \leqslant k} \prod_{x_i \in E_r} q_i + \cdots + (-1)^{k-1} \prod_k q_i \tag{3-15}$$

3.3.2　实例分析

下面研究 2.2 节实例中 x_1 的故障概率与温度和时间的关系。首先将故障发生情况绘制成故障统计图,横坐标为t,纵坐标为c,数据点为是否发生故障;然后分别沿着t轴和c轴进行投影,得到元件故障对c和t的分布。图 3-5 是元件故障对c的分布图的一部分。设$I=3$,$L=[2,29]$,分辨率为 11.1%(分辨率需大于 3.7%),根据式(3-8)~式(3-10),计算结果如表 3-2 所列。

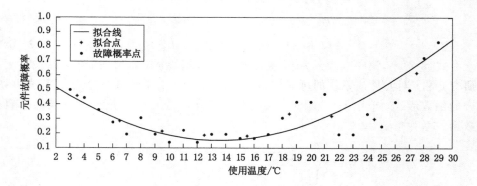

图 3-5   温度影响可靠性数据的随机变量分解式过程

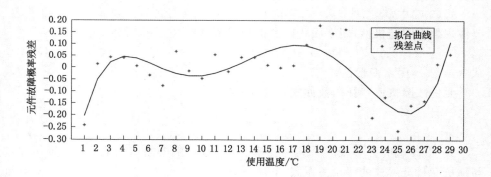

图 3-6   温度影响元件故障概率的残差分布

表 3-2   温度对可靠性数据的随机变量分解式参数

k	0	1	2	3	4	5	6	7	8
x 范围	2~5	5~8	8~11	11~14	14~17	17~20	20~23	23~26	26~29
$\overline{x_k}$	3.500 0	6.500 0	9.500 0	12.500 0	15.500 0	18.500 0	21.500 0	24.500 0	27.500 0
μ_k	0.458 3	0.284 7	0.215 3	0.187 5	0.180 5	0.333 4	0.319 4	0.298 6	0.618 0
σ_k	0.063 7	0.060 2	0.060 2	0.030 3	0.013 9	0.092 2	0.126 6	0.084 2	0.167 1

根据表 3-2 和式(3-7),可将温度影响可靠性数据的随机变量分解式表示为式(3-10),代入式(3-8),可求得分解式第三项 δ。

$$\xi = f(x) + f^\wedge(x) + \delta = \xi(8,3,\delta(\mu^p,\sigma^p)) \tag{3-16}$$

其中:

$\mu^p = \{0.458\,3, 0.284\,7, 0.215\,3, 0.187\,5, 0.180\,5, 0.333\,4, 0.319\,4, 0.298\,6, 0.618\,0\}$

$\sigma^p = \{0.063\,7, 0.060\,2, 0.060\,2, 0.030\,3, 0.013\,9, 0.092\,2, 0.126\,6, 0.084\,2, 0.167\,1\}$

求分解式第二项,拟合点为 $\{(x,p) \mid x = \overline{x_k^p}, p = \mu_k^p, k \in \{k \mid 0 \leqslant k, k \leqslant 8\}\}$,根据式(3-11)中第一式进行最小二乘法拟合,得到拟合曲线为 $f(x) = \sin\left(\dfrac{x - 34.01}{81.8} \times 2\pi\right) + 1.15$,见图 3-5 中拟合线。将实际数据点对应值与拟合曲线值做差,得到温度影响元件故障概率的残差分布图,如图 3-6 所示。

根据图 3-6 中所给残差点坐标和式(3-12),采用多项式拟合确定残差变化规律。采用 6 次拟合方式,由于随次数升高,首相系数逐渐趋于 0,而 6 次以满足精度需要。得到的残差拟合多项式为: $f^\wedge(x) = -4 \times 10^{-8} x^6 + 6 \times 10^{-6} x^5 - 3 \times 10^{-4} x^4 + 0.007 x^3 - 0.074 x^2 + 0.328 x^1 - 0.463$,如图 3-6 所示拟合曲线。

将上述三项结合,表示 c 对元件 x_1 的可靠性影响,将式(3-16)改写为式(3-17)。

$$P_1^c = \xi_i = f_i^c(x) + f_1^{c\wedge}(x) + \delta_1^p$$

$$= \sin\left(\frac{x - 34.01}{81.8} \times 2\pi\right) + 1.15 - 4 \times 10^{-8} x^6 + 6 \times 10^{-6} x^5 - 3 \times 10^{-4} x^4 +$$

$$0.007 x^3 - 0.074 x^2 + 0.328 x^1 - 0.463 + \frac{1}{\sqrt{2\pi}} e^{-\frac{(p^c - \mu_k^p)^2}{2\sigma_k^{p\,2}}}$$

$$(k \in \{k \mid 0 \leqslant k, k \leqslant 8\}, i \in \{i \mid 0 \leqslant i, i \leqslant 3\}, p \in \{p \mid 0 \leqslant p, p \leqslant 1\}) \tag{3-17}$$

式(3-17)中,前两项表示使用温度变化对元件可靠性数据分布变化的影响,第三项表示在分辨率内的可靠性数据变化特征。上述分辨率为 11.1%,其意义为:如果数据特征大于 3,那么该分辨率不能较好地识别数据特征;反之,则分辨率能较好地识别。

确定 t 影响可靠性数据的随机变量分解式。在 t 分布中,数据出现了以 50 d 为周期的变化,为了提高数据利用率,将数据根据其周期进行合并及归一化。其中,0~18 d 的元件故障概率变化特征明显,如图 3-7 所示。

图 3-7 显示了时间影响元件可靠性的分析过程。设 $I = 2, L = [1,17]$,分辨率为 12.5%(分辨率应大于 6.25%),根据式(3-8)~式(3-10),得到的计算结果如表 3-3 所列。

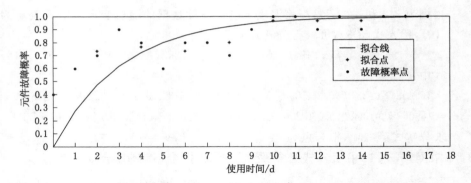

图 3-7　时间影响可靠性数据的随机变量分解式过程

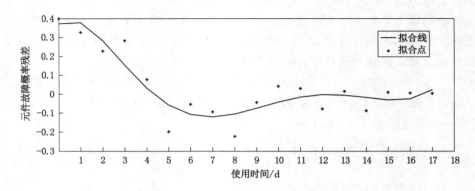

图 3-8　时间影响元件故障概率的残差分布

表 3-3　时间对可靠性数据的随机变量分解式参数

k	0	1	2	3	4	5	6	7
x 范围	1～3	3～5	5～7	7～9	9～11	11～13	13～15	15～17
$\overline{x_k}$	2.000 0	4.000 0	6.000 0	8.000 0	10.000 0	12.000 0	14.000 0	16.000 0
μ_k	0.733 3	0.766 7	0.733 3	0.800 0	0.966 7	0.966 7	0.966 7	1.000 0
σ_k	0.124 7	0.124 7	0.094 3	0.081 6	0.047 1	0.047 1	0.047 1	0

　　根据表 3-3 和式(3-7)可将时间影响可靠性数据的随机变量分解式表示为式(3-18),代入式(3-18),可求得分解式第三项 δ。

$$\xi = f(x) + f^{\wedge}(x) + \delta = \xi(7,2,\delta(\mu^p,\sigma^p)) \tag{3-18}$$

　　其中:

$$\mu^p = \{0.733\,3,0.766\,7,0.733\,3,0.800\,0,0.966\,7,0.966\,7,0.966\,7,1.000\,0\}$$

$$\sigma^p = \{0.124\ 7, 0.124\ 7, 0.094\ 3, 0.081\ 6, 0.047\ 1, 0.047\ 1, 0.047\ 1, 0\}$$

拟合点为 $\{(x, p) \mid x = \overline{x_k^p}, y = \mu_k^p, k \in \{k \mid 0 \leqslant k, k \leqslant 7\}\}$，根据式（3-11）中第二式进行最小二乘法拟合，得到的拟合曲线为 $f(x) = 1 - e^{-0.32t}$，见图 3-7 中拟合线。

根据图 3-8 中所给残差点坐标和式（3-12），得到的残差拟合多项式为：
$$f^\wedge(x) = -7 \times 10^{-7} x^6 + 5.5 \times 10^{-5} x^5 - 1.5 \times 10^{-3} x^4 + 0.019 x^3 - 0.098 x^2 + 0.086 x^1 + 0.372$$，见图 3-8 中的拟合曲线。

将上述三项结合表示 t 对元件 x_1 的可靠性影响，将式（3-18）改写为式（3-19）。

$$P_1^t = \xi_1 = f_1^t(x) + f_1^{t\wedge}(x) + \delta_1^p$$
$$= 1 - e^{-0.32x} + -7 \times 10^{-7} x^6 + 5.5 \times 10^{-5} x^5 - 1.5 \times 10^{-3} x^4 +$$
$$0.019 x^3 - 0.098 x^2 + 0.086 x^1 + 0.372 + \frac{1}{\sqrt{2\pi}} e^{-\frac{(p^t - \mu_k^p)^2}{2\sigma_k^p^2}}$$

$$(k \in \{k \mid 0 \leqslant k, k \leqslant 7\}, i \in \{i \mid 0 \leqslant i, i \leqslant 2\}, p \in \{p \mid 0 \leqslant p, p \leqslant 1\})$$
$$(3\text{-}19)$$

根据式（3-13）、式（3-17）和式（3-19）可以得到元件 x_1 受 c 和 t 两因素影响的故障概率变化情况，如式（3-20）所列，$n = 2$，$q \in \{c, t\}$，并进行了化简。

$$P_1 = 1 - \prod_{q \in \{c, t\}}^2 (1 - P_1^q) = 1 - (1 - P_1^c)(1 - P_1^t)$$
$$= 1 - (1 - f_1^c(c) - f_1^{c\wedge}(c) - \delta_1^p)(1 - f_1^t(t) - f_1^{t\wedge}(t) - \delta_1^p)$$
$$= 1 - (1 - f_1^c - f_1^{c\wedge})(1 - f_1^t - f_1^{t\wedge}) + (1 - f_1^t - f_1^{t\wedge})\delta_1^p +$$
$$(1 - f_1^c - f_1^{c\wedge})\delta_1^p - \delta_1^p \delta_1^p \tag{3-20}$$

设 $c = 10\ ℃$，$t = 4\ d$，则 $f_1^c = 0.187\ 2$、$f_1^{c\wedge} = -0.035\ 6$、$f_1^t = 0.722\ 0$、$f_1^{t\wedge} = 0.032\ 8$。$\delta_1^p = \frac{1}{\sqrt{2\pi}} e^{-\frac{(p - \mu_k^p)^2}{2\sigma_k^p^2}}$，由于 $c = 10$，当 $c \in x = [8, 11]$ 时，$\mu_k^p = 0.215\ 3$，$\sigma_k^p = 0.060\ 2$，$\delta_1^c{}^p = \frac{1}{\sqrt{2\pi}} e^{-\frac{(p_c - 0.215\ 3)^2}{2 \times 0.060\ 2^2}}$；同理，$\delta_1^t{}^p = \frac{1}{\sqrt{2\pi}} e^{-\frac{(p_t - 0.766\ 7)^2}{2 \times 0.124\ 7^2}}$。那么，当 $c = 10\ ℃$，$t = 4\ d$ 时，元件 x_1 受 t 和 c 因素影响的故障概率如式（3-21）所列。

$$P_1 = 0.792\ 0 + 0.245\ 2 \times \frac{1}{\sqrt{2\pi}} e^{-\frac{(p_c - 0.215\ 3)^2}{2 \times 0.060\ 2^2}} +$$
$$0.848\ 4 \times \frac{1}{\sqrt{2\pi}} e^{-\frac{(p_t - 0.766\ 7)^2}{2 \times 0.124\ 7^2}} - \frac{1}{\sqrt{2\pi}} e^{-\left[\frac{(p_c - 0.215\ 3)^2}{2 \times 0.060\ 2^2} + \frac{(p_t - 0.766\ 7)^2}{2 \times 0.124\ 7^2}\right]} \tag{3-21}$$

式（3-21）对两个因素组成的相空间而言，其分辨率为 $11.1\% \times 12.5\% = 1.38\%$，理论分辨率大于 $3.7\% \times 6.25\% = 0.23\%$。由此可见，因素越多，可区

别的能力越强,分辨率就越低。

上述研究实现了随机变量分解式用于表示可靠性数据的方法,构造后的分解式可作为 SFT 的特征函数使用。

3.3.3 相关研究

（1）可靠性与影响因素的因果关系推理

将因素空间理论的基本思想融入空间故障树中,提出了两种方法用于分析故障发生概率与影响因素之间的逻辑关系分析。故障数据的特点如下:当故障发生概率的所有影响因素均为可知并可测时,故障概率的确定是确定性问题;当影响因素中至少一个因素不可知或不可测时,故障概率的确定则是不确定性问题。可分析影响因素和目标因素之间因果逻辑关系的方法为状态吸收法和状态复现法。状态吸收法是尽量使最终推理结果包含所有状态信息,从单一影响因素与目标因素对应关系进行推理,即广度优先法。状态复现法是尽量使出现频率大的状态信息起主导作用,即深度优先法。应用状态吸收法和状态复现法分析故障概率与使用时间和使用因素之间的因果逻辑关系,可以得到一些因果关系。这些因果关系基本覆盖了已知故障概率在使用时间和使用温度上的分布规律。通过实际问题验证方法分析结果的有效性,并给出了两种方法的适用性特征及其优缺点。

（2）可靠性与影响因素的因果概念提取

应用因素空间理论处理空间故障树中故障数据的因果关系,分析元件故障概率与使用时间和使用温度之间的因果概念,构建针对空间故障树中故障数据的因果概念分析方法。该方法的特点在于:一方面考虑从理论层面的背景关系中分析得到的原子概念;另一方面是从实际例子的基本概念半格分析得到的基本概念。通过分析两种概念外延和内涵的对应关系,从而找出既理论联系实际、又内涵联系外延的真概念,用于因果关系推理。该方法主要包括:构建论域、生成背景关系、产生原子概念、计算分辨度、产生基本概念、辨别真概念。应用该方法对空间故障树中的故障数据进行因果概念分析,将原子概念和基本概念配对。所得结果可分为三种概念,后两者虽然在概念半格推理过程中作用不同,但不能应用于实例因果概念分析,只可作为根据影响因素的对象分类概念。

（3）可靠性与影响因素的背景关系分析

根据空间故障树所需故障数据特点,针对故障数据与影响故障因素之间在数据状态本身体现出的相互关系,参照因素空间中背景分析方法,制定了故障及其影响因素的背景关系分析方法。根据故障数据特点,制定了故障及影响因素的背景关系分析法,将因素分为影响因素和目标因素,从故障数据中分析其关联性。该方法主要包括:制定论域、建立因素相空间的苗卡尔积相空间、构建因素背景关系状态对应表、背景空间分析、计算各因素的边缘分布、影响因素对目标因素的影响分析。方法可分析大数据量级的故障数据,分析导致故障发生的因素与故障本身的关系。基于因素空间理论使得方法便于计算机实现,同时也为空间故障树理论添加了智能推理方法。方法可定性分析故障与因素之间的关系,并通过故障统计次数来定量反映各因素对故障发生概率的影响。

(4) 可靠性影响因素降维方法

根据因素空间理论中的因素增益法,制定了空间故障树中的影响因素降维方法。该方法基本思路为:当两个影响因素对目标因素的信息增益相近或很小时,可将该影响因素替换或直接删除,达到降低空间故障树中影响因素组成的故障空间维度。该方法主要包括:构建论域、形成背景关系、编制因素背景关系状态对应表、计算因素边缘分布、影响因素对目标因素的影响分析、构建影响因素对目标因素的条件分布表、计算影响因素对故障概率的信息增益、分析是否可以降维。可降维条件为:该影响因素对目标因素的信息增益较小;当两个影响因素对目标因素的信息增益差较小。通过实例分析了元件使用时间、使用温度、使用湿度对其故障概率的影响,并且分析了影响的程度和影响的分布情况。研究表明,使用时间和使用湿度对故障概率影响接近,但不能视为可等同情况而降维;使用温度对故障概率的影响最小,但也不能视为可忽略情况降维。

(5) 故障概率分布的压缩方法

我们提出了可应用于 SFT 的故障数据压缩方法,进而给出了故障概率分布表示的新方法。将因素空间中背景集和内点判定定理引入 SFT 分析中,通过分析因素空间和空间故障树基本理论说明两种方法存在通用性,为方法引入提供理论基础,也构建了 SFT 的故障概率分布表示新方法。针对 SFT 数据特点,将因素分为影响因素和目标因素组成值对;先划分目标因素,后根据目标因素的划分对值对进行划分,从而形成不同划分的集合;使用内点法化简这些集合,通过化简后的集合绘制故障概率分布;根据区域重叠方法处理得到无重叠的故障概率分布。

(6) 系统可靠性维持方法

从保持系统或元件可靠性稳定的角度出发,研究了在 SFT 框架下维持系统可靠性的方法,提出了可控因素和不可控因素的概念。不可控因素是指不能控制或不便控制的因素;可控因素是指可通过技术手段进行控制的因素。在 SFT 中,不可控因素为使用时间,其余均为可控因素。从物理意义上讲,时间是表征事物存在的唯一因素。因此,任何可控因素都可以表示为不可控因素时间的函数。在 SFT 下构造不可控因素表示可控因素的函数需要限定条件,即故障概率的限定。通过曲面投影，曲面的相交或超曲面方法最终形成三维空间曲面，其维度分别是不可控因素、可控因素和故障概率。只有在限定故障概率时，才可求得可控因素与不可控因素之间的函数关系。本研究给出了系统或元件可靠性保持方法的步骤，并举例进行分析。通过研究结果可以获得直观的温度控制曲线和精确的温度与时间函数。与已有文献相比，所得元件更换周期更为经济，方法更具有可操作性。

3.4　系统可靠性结构与变化特征

　　一般系统设计是正向的，由系统整体功能出发，通过一定的功能分解，最终落实到元件或子系统。正向设计容易满足系统的设计目的，从而完成某项确定功能。但根据功能所设计的系统是否为结构最优却很难确定。该问题一方面从系统功能考虑，另一方面则从经济上考虑。如果已知某个系统可能由一些特定的元件或子系统组成，且知道其系统功能随元件功能的变化规律，但系统无法打开或根本得不到，那么该系统将无法被仿制。这些问题可概括为系统的功能结构分析问题，即知道系统组成的基本单元功能特征和系统所表现出的功能特征，研究系统功能结构与元件的组成关系。当然，该内部的结构可能是一个等效的功能结构，而不是真正的物理结构。

　　系统功能结构分析是识别和认识系统的有效工具，一些学者也进行了这方面研究[109-118]。这些研究虽然在各领域取得了良好效果，但终究是正向研究系统功能结构，对于前文提出的问题难以解决。另外，系统功能结构分析是一种复杂的推理过程。相关研究较少的原因在于，一套严谨可行的逻辑数学推理系统是难以实现的，而且系统结构反分析方法也存在推理不严谨和逻辑性差的缺点。这样，就急需专业人士与数学家合作来完成这项工作。

　　任何一个系统都有其特定的结构、环境与功能，结构和环境是内、外因，功能是果。为改善功能而调整结构，从功能来探索结构是一种复杂得科学问题。然而，因素空间理论为系统的功能结构分析提供了一个便捷的平台。因素空间理论只需确立论域及对条件、结果等因素的观测手段，得到一组样本点，形成一张因素分析表，这样就可以进行功能结构分析。

　　将因素空间理论引入空间故障树分析中，用因素空间的思想帮助空间故障树分析离散可靠性数据蕴含的系统功能与元件功能之间的关系。本节给出了一种系统功能结构的极小化分析方法来完成上述任务，并举例了背景关系和两个背景关系子集的极小析取范式，分析了隐含的元件功能关系，给出了背景关系的两个子集极小析取范式的和等于原背景关系极小析取范式的条件。

3.4.1　系统功能结构的极小化方法

给定因素功能结构分析表要求出指定功能类 y_i 的极小析取范式，其步骤如下：

（1）将表中所有 n 字组 x（去掉重复的）集合起来，记作背景关系 B。对 B 中的这些字组，按它们取不取结果 y_i 而分成 T 和 F 的正反两类。

（2）取字组长度 $k=1$，逐一查看每个字。若它在 F 类的所有字组中都不出现，则它是 T 的一个素蕴涵式，从 T 的 n 字组中删除它的所有蕴涵式，如此继续直到所有单字都检查完毕。

（3）字组长度 $k:=k+1$，逐一查看每个 k 字组。若它在 F 类的所有字组中都不出现，则它是 T 的一个素蕴涵式，从 T 的 n 字组中删除它的所有蕴涵式，如此继续，直到所有字都检查完毕。

（4）重复上述过程，直到 T 类字组被删尽。将 T 的所有素蕴涵式用加号连接起来，就得到 T 的极小析取范式。

定义 3.1　给定因素空间 $(U;F=\{f_1,\cdots,f_n\})$，记作 $B=F(U)=\{x\in f_1(X)\cdots f_n(X) \mid \exists u \in U; F(u)=x\}$，叫作因素 $f_1,\cdots,f_n$ 之间的背景关系，也叫作各因素相空间的实际笛卡尔乘积。

定义 3.2　一个因素空间 $(U,F=(f_1,\cdots,f_n),g)$ 叫作一个功能结构分析空间，如果 g 是一个功能因素，它具有描述功能的相集 $X(g)=\{y_1,\cdots,y_K\}$；f_j 是系统内部影响功能的结构因素，具有相集 $X(f_j)=\{a_{1j},\cdots,a_{n(j)j}\}(j=1,\cdots,n)$。功能结构分析的一个样本点是指行向量 $(u_i;f_1(u_i),\cdots,f_n(u_i);g(u_i))$。由 m 个样本点所组成的矩阵称为一张 m 行的功能结构分析表。

定义 3.3　给定一个因素空间 $(U,F=(f_1,\cdots,f_n))$，其背景关系记作 $B=F(U)\subseteq X(F)=X(f_1)\cdots X(f_n)$。

定义 3.4　若 $p\to q=(\neg p)\vee q=1$ 则称 p 蕴涵 q。此时称 p 是 q 的蕴涵式而称 q 是 p 的涵式。若在 $F(S)$ 中不存在 q 的任何其他蕴涵式 $p'\neq p$ 使 p 蕴涵 p'，则称 p 是 q 的素蕴涵式。一个析取范式叫作一个极小范式，而它的每一个字组都是素蕴涵式。

定理 3.1　用上述方法所得到的系统功能逻辑结构是 T 的一个极小析取范式。

3.4.2　系统功能结构分析

用空间故障树中系统结构分析实例进行分析。图 3-9 给出开关系统 Z，由 5

种元器件 $Z_1,\cdots,Z_5$ 组成. 它们的功能情况由 5 个因素 $F=(f_1,f_2,f_3,f_4,f_5)$ 表示, 每个因素具有相空间 $X(f_j)=\{x_{1j},x_{0j}\}=\{x_j,x_j\},j=1,\cdots,5,x_{1j}$ 表示 Z_j 接通, x_{0j} 表示器件 Z_j 断开; 结果因素 g 具有相空间 $X(g)=\{T,F\}$, T 表示系统 Z 接通, F 表示系统 Z 断开. 字的集合由 10 个字组成 $\{x_1,x_1,x_2,x_2,x_3,x_3,x_4,x_4,x_5,x_5\}$. 每个元件的功能有两种状态 (F,T), 共 32 条相组成论域 U, 也组成了背景关系 B, 如表 3-4 所列.

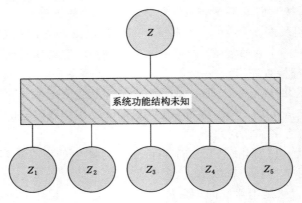

图 3-9 被分析系统模型

表 3-4 32 条相集的功能结构分析表

U	1	2	3	4	5	6	7	8	9	10	11	12	13	14	15	16	17	18	19	20	21	22	23	24	25	26	27	28	29	30	31	32
f_1	x_1	x_1	x_1	x_1	x_1	x_1	x_1	x_1	x_1	x_1	x_1	x_1	x_1	x_1	x_1	x_1	x_1	x_1	x_1	x_1	x_1	x_1	x_1	x_1	x_1	x_1	x_1	x_1	x_1	x_1	x_1	x_1
f_2	x_2	x_2	x_2	x_2	x_2	x_2	x_2	x_2	x_2	x_2	x_2	x_2	x_2	x_2	x_2	x_2	x_2	x_2	x_2	x_2	x_2	x_2	x_2	x_2	x_2	x_2	x_2	x_2	x_2	x_2	x_2	x_2
f_3	x_3	x_3	x_3	x_3	x_3	x_3	x_3	x_3	x_3	x_3	x_3	x_3	x_3	x_3	x_3	x_3	x_3	x_3	x_3	x_3	x_3	x_3	x_3	x_3	x_3	x_3	x_3	x_3	x_3	x_3	x_3	x_3
f_4	x_4	x_4	x_4	x_4	x_4	x_4	x_4	x_4	x_4	x_4	x_4	x_4	x_4	x_4	x_4	x_4	x_4	x_4	x_4	x_4	x_4	x_4	x_4	x_4	x_4	x_4	x_4	x_4	x_4	x_4	x_4	x_4
f_5	x_5	x_5	x_5	x_5	x_5	x_5	x_5	x_5	x_5	x_5	x_5	x_5	x_5	x_5	x_5	x_5	x_5	x_5	x_5	x_5	x_5	x_5	x_5	x_5	x_5	x_5	x_5	x_5	x_5	x_5	x_5	x_5
g	F	F	F	F	F	F	F	F	T	F	F	F	F	F	T	F	T	T	T	F	F	F	T	T	T	T	T	T	T	T	T	T

在表 3-4 提供的背景关系下, 根据功能结构的极小化方法对系统取 T 值的功能结构进行分析.

步骤 1: 32 个样本点构成了背景集合 B, 将这 32 个点分成 T 与 F 两类:

$$T=\{x_1x_2x_3x_4x_5, x_1x_2x_3x_4x_5, x_1x_2x_3x_4x_5, x_1x_2x_3x_4x_5, x_1x_2x_3x_4x_5,$$
$$x_1x_2x_3x_4x_5, x_1x_2x_3x_4x_5, x_1x_2x_3x_4x_5, x_1x_2x_3x_4x_5,$$
$$x_1x_2x_3x_4x_5, x_1x_2x_3x_4x_5, x_1x_2x_3x_4x_5, x_1x_2x_3x_4x_5, x_1x_2x_3x_4x_5\}$$
$$F=\{x_1x_2x_3x_4x_5, x_1x_2x_3x_4x_5, x_1x_2x_3x_4x_5, x_1x_2x_3x_4x_5, x_1x_2x_3x_4x_5,$$

$$\overline{x_1}x_2x_3x_4x_5,\ x_1x_2x_3x_4\overline{x_5},\ x_1x_2\overline{x_3}x_4x_5,\ x_1x_2x_3\overline{x_4}x_5,\ \overline{x_1}x_2x_3x_4x_5,$$
$$x_1\overline{x_2}x_3x_4x_5,\ x_1x_2x_3\overline{x_4}x_5,\ x_1x_2x_3x_4\overline{x_5},\ x_1x_2\overline{x_3}x_4x_5,$$
$$x_1x_2x_3x_4x_5,\ x_1x_2x_3x_4x_5\}$$

对 T 的字组进行析取就可直接写出 T 的逻辑表达式：$T=x_1x_2x_3x_4x_5+$ $x_1x_2x_3x_4x_5+x_1x_2x_3x_4x_5+x_1x_2x_3x_4x_5+x_1x_2x_3x_4x_5+x_1x_2x_3x_4x_5+$ $x_1x_2x_3x_4x_5+x_1x_2x_3x_4x_5+x_1x_2x_3x_4x_5+x_1x_2x_3x_4x_5+x_1x_2x_3x_4x_5+$ $x_1x_2x_3x_4x_5+x_1x_2x_3x_4x_5+x_1x_2x_3x_4x_5+x_1x_2x_3x_4x_5$。其中：+ 号表示析取 $\vee$，表示并联；$x_1x_2x_3x_4x_5$ 意义为 $x_1\wedge x_2\wedge x_3\wedge x_4\wedge x_5$，表示串联，所以这个逻辑公式就是系统 Z 的功能结构表达式。

步骤 2：$k=1$，在 F 类字组中无单字。F 的第一项是 $x_1x_2x_3x_4x_5$，它包含 x_1，x_2,x_3,x_4,x_5 等 5 个字；第二项是 $x_1x_2x_3x_4x_5$，它包含 x_1,x_2,x_3,x_4,x_5；将两项合并去掉相同的字，共有 x_1,x_1,x_2,x_3,x_4,x_5 等 6 个字；合并 F 中的所有项，10 个字 $x_1,x_2,x_3,x_4,x_5,x_1,x_2,x_3,x_4,x_5$ 都在 F 的字组中出现。

步骤 3：$k=k+1=2$，二字组 x_1x_4 不在 F 的各项中出现，却在 T 的字组中出现，记下 x_1x_4，它是 T 的一个素蕴含式。去掉 T 中蕴含字组 x_1x_4 的 5 字组，得 $T=\{x_1x_2x_3x_4x_5,\ x_1x_2x_3x_4x_5,\ x_1x_2x_3x_4x_5,\ x_1x_2x_3x_4x_5,$ $x_1x_2x_3x_4x_5\}$。同理，二字组 x_3x_5 不在 F 的各项中出现，记下 x_1x_4，它是 T 的一个素蕴含式。去掉 T 中蕴含字组 x_3x_5 的 5 字组，得 $T=\{x_1x_2x_3x_4x_5\}$。

步骤 4：$k=k+1=3$，3 字组 $x_1x_2x_3$ 不在 F 的字组而在 T 中出现，记作 $x_1x_2x_3$，它是 T 的一个素蕴含式。删去 $T=\{x_1x_2x_3x_4x_5\}$ 中蕴涵 3 字组 $x_1x_2x_3$ 的 5 字组 $x_1x_2x_3x_4x_5$，$T=\varnothing$。

此时停止推理，将得到的 T 的素蕴涵式加在一起，得到 T 的极小析取范式为 $T=x_1x_4+x_3x_5+x_1x_2x_3$，那么系统功能结构为 $Z=Z_1Z_4+Z_3Z_5+Z_1Z_2Z_3$。

分析背景关系子集情况下的 T 功能结构。随机在表 3-3 中选取 23 个相，如表 3-3 中深色背景的数据。

步骤 1：全体样本点所构成的背景集合 $B_1\in B$ 共有 23 个点，将这 23 个点分成 T 与 F 两类：
$$T=\{x_1x_2x_3x_4x_5,\ x_1x_2x_3x_4x_5,\ x_1x_2x_3x_4x_5,\ x_1x_2x_3x_4x_5,\ x_1x_2x_3x_4x_5,$$
$$x_1x_2x_3x_4x_5,\ x_1x_2x_3x_4x_5,\ x_1x_2x_3x_4x_5,\ x_1x_2x_3x_4x_5,$$
$$x_1x_2x_3x_4x_5,\ x_1x_2x_3x_4x_5\}$$
$$F=\{x_1x_2x_3x_4x_5,\ x_1x_2x_3x_4x_5,\ x_1x_2x_3x_4x_5,\ x_1x_2x_3x_4x_5,\ x_1x_2x_3x_4x_5,$$
$$x_1x_2x_3x_4x_5,\ x_1x_2x_3x_4x_5,\ x_1x_2x_3x_4x_5,\ x_1x_2x_3x_4x_5,$$
$$x_1x_2x_3x_4x_5,\ x_1x_2x_3x_4x_5\}$$

步骤 2：$k=1$，在 F 类字组中无单字。F 的第一项是 $x_1x_2x_3x_4x_5$，它包含 x_1，

x_2, x_3, x_4, x_5 等 5 个字;第二项是 $x_1 x_2 x_3 x_4 x_5$,它包含 x_1, x_2, x_3, x_4, x_5,将两项合并去掉相同的字,共有 $x_1, x_1, x_2, x_3, x_3, x_4, x_5$ 等 7 个字。合并所有相,10 个字 $x_1, x_2, x_3, x_4, x_5, x_1, x_2, x_3, x_4, x_5$ 都在 F 的字组中出现。

步骤 3:$k = k + 1 = 2$,二字组 $x_1 x_4$ 不在 F 的各项中出现,记下 $x_1 x_4$,它是 T 的一个素蕴含式。将所有 T 中蕴涵字组 $x_1 x_4$ 的字组删去,得 $T = \{x_1 x_2 x_3 x_4 x_5,$ $x_1 x_2 x_3 x_4 x_5, x_1 x_2 x_3 x_4 x_5, x_1 x_2 x_3 x_4 x_5, x_1 x_2 x_3 x_4 x_5, x_1 x_2 x_3 x_4 x_5, x_1 x_2 x_3 x_4 x_5\}$。 $x_3 x_5$ 不在 F 的字组中出现,记作 $x_3 x_5$,它是 T 的又一个素蕴含式。然后将 T 中蕴涵二字组 $x_3 x_5$ 的 5 字组删去,得 $T = \{x_1 x_2 x_3 x_4 x_5\}$。$x_1 x_2$ 也不在 F 的字组中出现,记作 $x_1 x_2$,它是 T 的又一个素蕴含式。再把 T 中蕴涵二字组 $x_1 x_2$ 的 5 字组删去,得 $T = \varnothing$。

得到 T 的极小析取范式为 $T = x_1 x_4 + x_3 x_5 + x_1 x_2$,系统功能结构为 $Z = Z_1 Z_4 + Z_3 Z_5 + Z_1 Z_2$。

比较功能结构 $Z = Z_1 Z_4 + Z_3 Z_5 + Z_1 Z_2 Z_3$ 和功能结构为 $Z = Z_1 Z_4 + Z_3 Z_5 + Z_1 Z_2$,背景关系比背景关系子集得到的系统功能结构更为详尽。即背景关系子集缺乏对系统功能结构的约束,从最小析取式角度入手,如果两式所表示的系统具有相同的功能变化特征,那么 $x_1 x_4 + x_3 x_5 + x_1 x_2$ 等价于 $x_1 x_4 + x_3 x_5 + x_1 x_2 x_3$。通过逻辑关系可得到,$x_3$ 等价于 $\{x_1, x_2, x_1 + x_2\}$,即元件 Z_3 的功能与 Z_1 或 Z_2 或 $Z_1 + Z_2$ 的功能相同。最终,在系统设计和使用过程中,可通过该功能等效关系,进行元件的替换或维修。

分析在表 3-4 中除上述 23 个相之外的 9 个项,相当于 $B_2 \in B, B_2 \bigcap B_1 = \varnothing, B_2 \bigcup B_1 = B$。

步骤 1:全体样本点所构成的背景集合 B 共有 23 个点,将这 23 个点分成 T 与 F 两类:

$T = \{x_1 x_2 x_3 x_4 x_5, x_1 x_2 x_3 x_4 x_5, x_1 x_2 x_3 x_4 x_5\}$

$F = \{x_1 x_2 x_3 x_4 x_5, x_1 x_2 x_3 x_4 x_5, x_1 x_2 x_3 x_4 x_5, x_1 x_2 x_3 x_4 x_5, x_1 x_2 x_3 x_4 x_5,$
$\quad x_1 x_2 x_3 x_4 x_5\}$

步骤 2:$k = 1$,在 F 类字组中无单字。F 的第一项是 $x_1 x_2 x_3 x_4 x_5$,它包含 $x_1,$ x_2, x_3, x_4, x_5 等 5 个字;第二项是 $x_1 x_2 x_3 x_4 x_5$,它包含 x_1, x_2, x_3, x_4, x_5,将两项合并去掉相同的字,共有 $x_1, x_1, x_2, x_3, x_4, x_5$ 等 6 个字。合并所有相,9 个字 $x_1,$ $x_2, x_4, x_5, x_1, x_2, x_3, x_4, x_5$ 都在 F 的字组中出现。由于 x_3 不在 F 中出现,也不再 T 中出现,所以不是蕴含式。

步骤 3:$k = k + 1 = 2$,二字组 $x_1 x_4$ 不在 F 的各项中出现,而在 T 中出现,记作 $x_1 x_4$,它是 T 的一个素蕴含式。将所有 T 中蕴涵字组 $x_1 x_4$ 的字组删去,得 $T = \varnothing$。

得到 T 的极小析取范式为 $T = x_1x_4$，系统功能结构为 $Z = Z_1Z_4$。

上述实例分析说明，当 $B_1 \in B, B_2 \in B, B_2 \bigcap B_1 = \varnothing, B_2 \bigcup B_1 = B$ 时，$T_B \neq T_{B_1} + T_{B_2}$，即 $x_1x_4 + x_3x_5 + x_1x_2x_3 \neq x_1x_4 + x_3x_5 + x_1x_2 + x_1x_4$。背景关系的若干个子集得到的极小析取范式的逻辑和不一定等于背景关系全集的极小析取范式，同时也存在等于的情况。这取决于所有相或样本的划分情况。背景关系的子集如果包含了多个单字的不同状态，那么这个背景关系子集就可产生含有加号较多的极小析取范式，表示蕴含信息较多，如 B_1。如果背景关系子集蕴含单字状态单一，那么所表现的极小析取范式所含信息较少，如 B_2。根据上述情况，如果背景关系划分为两个子集，那么满足 $B_1 \in B, B_2 \in B, B_2 \bigcap B_1 = \varnothing, B_2 \bigcup B_1 = B$，且 B_1 和 B_2 所含项数相同，且包含所有的单字状态，此时 $T_B = T_{B_1} + T_{B_2}$。这说明背景关系的若干个子集得到的极小析取范式等于背景关系全集的极小析取范式所需的条件是严格的。其证明待今后进一步研究。

上述方法可分析离散数据中蕴含的内在关系以及元件故障导致系统故障的成因。该方法是因素空间与空间故障树的结合分析方法，扩展了因素空间理论在安全科学中的应用，同时也为空间故障树的离散数据处理增添了有效方法。

3.4.3　相关方法

（1）系统功能结构分析

运用因素空间理论的因素逻辑构建了系统功能结构分析方法。该方法可以得到完备与不完备背景关系情况下的系统功能结构，其中完备背景关系可以得到唯一确定的系统功能结构，不完备背景关系可得到一簇确定的系统功能结构。如果不完备背景关系属于完备背景关系，且都能得到系统结构，那么不完备背景关系中一定可以找到功能之间的线性关系，这个关系补充了不完备背景关系，进而系统功能结构才可确定。因素逻辑的系统结构分析法是建立在因素空间理论基础上的严谨的逻辑数学推理方法，可应用于广泛领域类似问题的分析。

（2）因素作用路径与作用历史

在 SFT 框架下，提出作用路径和作用历史的概念。前者描述系统或元件在不同工作状态变化过程中所经历状态的集合，是因素的函数，作用路径可表示可靠性起始状态和终止状态的可达性及该过程的合理性。后者描述经历作用路径过程中的可积累状态量，是累积的结果，给出了基于作用路径和作用历史计算方法的步骤，分析了一个元件在经历使用环境变化过程中的作用路径，计算了保持故障概率为 20% 情况下经过上述作用路径后作用历史中的维护费用。路径 AB 的维护费用为 30.27，路径 ACB 的维护费用为 41.66。由此可知，当起始和终止状态相同时，不同的作用路径形成的作用历史可能不同。

（3）可靠性变化规律描述及稳定性分析

尝试使用运动系统稳定性理论描述可靠性系统的稳定性问题。为了对系统可靠性的运动系统稳定性进行描述，将系统划分为功能子系统、容错子系统、阻碍子系统。其影响参数为外界因素，响应参数为故障率，即为 SFT 中给出的故障概率分布。对系统的子系统划分直接决定了描述的系统运动平衡方程形态，且形态不唯一。平衡方程形态是一个二阶非线性微分方程，可简化为线性方程。根据李雅普诺夫给出的二阶线性奇次微分方程解的稳定性判据，对系统可靠性的运动系统稳定性进行了 8 种情况的分析，解释了 5 种解对应的系统可靠性变化状态。同时，使用该方法分析了实例可靠性变化特征，计算了容错作用和阻碍作用之间的线性关系，给出了在考虑使用时间 t 和使用温度 c 影响下各参数的分布情况。最后，论述了目前方法存在的问题和可能解决的方法。

3.5　云模型与系统可靠性分析

对目前安全评价而言，工程上多数使用安全检查表的形式完成。其优点是编制简单，操作方便，但使用安全检查表的效果在很大程度上取决于实施者的经验和学识。另外，学术界对安全评价问题提出了很多解决方案，一般可分为两类：一是评价指标和与之对应的算法。该类安全评价解决方案弱化了指标体系的作用，而主要集中在提出和改进现有的评价算法。而算法要适应定性与定量耦合、人的主观与客观耦合等诸多条件，这样使得算法不断地向复杂方向发展，与实际工程应用程度相距逐渐增大。二是基于数据和信息推理的方法。这类方法基于现场给定的定性及模糊信息进行逻辑推理，力求将信息中的相关知识分离出来，进行化简、推理和关联，利用这些知识来确定被评价系统的安全性。但现场数据有限，很难形成证据链的推理过程，而且受到推理方法限制，应用很少。

特别是对机理不明确，认识不足的自然灾害问题，上述方法更加难以实现。分析这类灾害问题主要通过专家实地考察，然后通过现场会议磋商确定。那么，由于专家个人知识和经验的差异，对同一问题会有不同的认识。多位专家给出的评判结果可能相互支持，也可能既有联系又有区别，甚至是对立的。因此，处理这种具有定性和定量、模糊性和随机性、不确定性等特点的评价信息，对安全评价工作是至关重要的。因为这些问题实际存在于数据的分析过程中，所以不能忽略。

对具有这种特征的信息和数据可使用云模型进行表示，云模型构造和参数设置特点可满足处理上述信息的要求。另外，在评价过程中可能出现这种情况，多位专家对同一问题的看法虽然大体上一致,但随机性和模糊性却差别很大。从云模型角度出发,该问题可描述为多位专家对同一问题的评判形成了多个云模型,尽管这些云的最能够代表定性概念的点相差无几(云的位置基本相同),但云滴的取值范围和云的厚度是有差别的(云的形状不同)。这些云可能重叠,也可能包含,还可能分离。那么,对同一概念的多个云语义如何化简也是必须处理的问题。

　　本节使用云模型来表示安全评价中的不确定信息,并提出一种基于包络线的云模型相似度确定方法,最终根据相似度来对专家的评价语义进行化简。

3.5.1　云模型相似性算法

　　虽然改进了云模型的相似性计算性能,但是始终无法摆脱云滴数对相似性的影响。而在实际安全评价中,云滴相当于专家对一个具体工况给出的意见。一般情况下专家都是针对最具代表性的极端情况给出评价意见,而在这些情况之间的工况则由工作人员自行归类。这种情况下的云模型中云滴都靠近云模型边缘,而在模型内部较少,显然使用上述方法处理是不适合的。

　　针对安全评价中的专家评价语义特点,提出了一种基于包络线的云模型相似度计算方法。该方法分为 6 个步骤,并在其中进行了相应的解释,对应的示意图如图 3-10 所示。

　　(1) 两个云 $C_1(E_{x1},E_{n1},H_{e1})$,$C_2(E_{x2},E_{n2},H_{e2})$ 通过正向云发生器,各产生一定数量的云滴。

　　(2) 对两云生成的云滴进行筛选。对于 $C_1(E_{x1},E_{n1},H_{e1})$,保留落在 $L_1 = [E_{x1}-3E_{n1},E_{x1}+3E_{n1}]$ 中的云滴;对于 $C_2(E_{x2},E_{n2},H_{e2})$,保留落在 $L_2 = [E_{x2}-3E_{n2},E_{x2}+3E_{n2}]$ 中的云滴。

　　(3) 对筛选后的上述两组云滴,则按照横坐标从小到大排序,分别得到有序的云滴集合 D_1 和 D_2。

　　(4) 确定包络线参数。根据云模型中云滴生成特点,正向云发生器是一个指数函数,即 $\mu = \exp[-(x-E_x)^2/(2E_n'^2)]$。$\mu$ 为 x 的确定度,即隶属于某种语义的程度,$0 \leqslant \mu \leqslant 1$。所以,生成包络线函数的值域在[0,1]之间,定义域在 $L = [E_x-3E_n,E_x+3E_n]$。

　　确定 μ 中参数,E_x 可为第一步中的云特征参数;E_n' 为 E_n 的均值,即期望值,这里用 E_n 代替。

　　为了摆脱云滴数对云相似度的影响,可利用包络线计算云相似度。根据上述云滴形成特点分析,无论云模型参数带有怎样的随机性,其 $\mu \in [0,1]$,$L = [E_x-3E_n,E_x+3E_n]$,且通过 $\mu = \exp[-(x-E_x)^2/(2E_n'^2)]$ 生成。那么,总存在两条与 μ 函数形式相同而参数不同的同构曲线。第一条同构曲线使得云滴集合 D 中所有云滴横坐标对应该曲线值均大于 D 的云滴纵坐标值;第二条同构曲线使得云滴集合 D 中所有云滴横坐标对应该曲线值均小于 D 的云滴纵坐标值,即这两条曲线包络了 D 的所有云滴。第一条曲线称为上包络线 μ_D^s,第二条曲线称为下包络线 μ_D^x。其中,μ_D^s 和 μ_D^x 与 μ 的形式一样,而参数是有差别的。

这里主要考虑两个方面,即云的位置和形状。如果这两个参数相同,那么云是相同的。对于云的位置,其特征参数 E_x 就可表明。无论是正向还是逆向,给出云滴分布后 E_x 是较容易判断的。所以 μ_D^s 和 μ_D^x 中的 E_x 直接使用第一步中的云特征参数。对于 $E_n{}'$,正向云发生器中定义为 $E_n{}' = \mathrm{randn}(1) \times H_e + E_n$。式中 E_n 直接采用第一步的云特征参数。$-1 \leqslant \mathrm{randn}(1) \leqslant 1$ 使云滴均匀分布在 μ 曲线的两侧,所以 $\mathrm{randn}(1) \times H_e$ 是确定包络线的关键。对于 μ_D^s,$\mathrm{randn}(1) \times H_e > 0 \Rightarrow \mathrm{randn}(1) > 0$;对于 μ_D^x,$\mathrm{randn}(1) \times H_e < 0 \Rightarrow \mathrm{randn}(1) < 0$。$H_e$ 采用第一步的云特征参数。

(5) 求 D_1 和 D_2 的包络线。μ_D^s 和 μ_D^x 与 μ 的形式相同,设 $\mu_D^s = \exp[-(x - E_x)^2 / (2E_n{}'^2)] = \exp[-(x - E_x)^2 / (2 \times (K + E_n)^2)]$,其中 $K = k_i \times \frac{1}{10} \times H_e$,$k_i = 1:10:1$。$k_i$ 使得所有 $Y(d_j \in D) < \mu_D^s(X(d_j \in D))$(首次满足条件的 k_i),d_j 表示云 D 中的一个云滴,Y 和 X 分别表示云滴 d_j 的横纵坐标。同理,设 $\mu_D^x = \exp[-(x - E_x)^2 / (2 \times (-K + E_n)^2)]$,其中 $K = k_i \times \frac{1}{10} \times H_e$,$k_i = 1:10:1$。$k_i$ 使得所有 $Y(d_j \in D) > \mu_D^x(X(d_j \in D))$。所以,确定 μ_D^s 和 μ_D^x 就是要确定适当的 k_i。

通过 MATLAB 结合具体的云滴集合 D 及上述函数结构,循环 k_i,当首次满足条件时,μ_D^s 和 μ_D^x 可求。

(6) 利用包络线的云相似度求法。与以往云相似度求法不同,该方法对云滴的依赖性不强,主要是通过包络线积分实现的。对某一个云 C 而言,当云滴集合 D 中的云滴 d_j 中 $j \to \infty$ 时,云滴将填满 μ_D^s 和 μ_D^x 之间的区域。即当 $j \to \infty$ 时,云滴存在的区域面积 $S_D = \int_L (\mu_D^s - \mu_D^x) \mathrm{d}x$,其中 $L = [E_x - 3E_n, E_x + 3E_n]$。

两个云 $C_1(E_{x1}, E_{n1}, H_{e1})$,$C_2(E_{x2}, E_{n2}, H_{e2})$ 是否相似可等效地看作当 D_1 和 D_2 中的云滴数 $j_1, j_2 \to \infty$ 时,S_{D_1} 与 S_{D_2} 的重合程度。下面以两个云比较为例定义并说明相似度求法。

对于云 $C_1(E_{x1}, E_{n1}, H_{e1})$,有:

$$S_{D_1} = \int_{E_{x1}-3E_{n1}}^{E_{x1}+3E_{n1}} (\mu_{D_1}^s - \mu_{D_1}^x) \mathrm{d}x$$

$$= \int_{E_{x1}-3E_{n1}}^{E_{x1}+3E_{n1}} [(\exp[-(x-E_{x1})^2/(2 \times (k_{i1}^s H_{e1}/10 + E_{n1})^2)]) -$$

$$(\exp[-(x-E_{x1})^2/(2 \times (k_{i1}^x H_{e1}/10 + E_{n1})^2)])] \mathrm{d}x$$

式中，k_{i1}^s 和 k_{i1}^x 分别是根据第(5)步确定的 k_i。

对于云 $C_2(E_{x2}, E_{n2}, H_{e2})$，有：

$$S_{D_2} = \int_{E_{x2}-3E_{n2}}^{E_{x2}+3E_{n2}} (\mu_{D_2}^s - \mu_{D_2}^x) \mathrm{d}x$$

$$= \int_{E_{x2}-3E_{n2}}^{E_{x2}+3E_{n2}} [(\exp[-(x-E_{x2})^2/(2 \times (k_{i2}^s H_{e2}/10 + E_{n2})^2)]) -$$

$$(\exp[-(x-E_{x2})^2/(2 \times (k_{i2}^x H_{e2}/10 + E_{n2})^2)])] \mathrm{d}x$$

式中，k_{i2}^s 和 k_{i2}^x 分别是根据第 5 步确定的 k_i。

当 $j_1, j_2 \rightarrow \infty$ 时，设 $C_1(E_{x1}, E_{n1}, H_{e1})$ 和 $C_2(E_{x2}, E_{n2}, H_{e2})$ 的重叠部分为 $S_{\cap} = S_{D_1} \bigcap S_{D_2}$。即当 $j_1, j_2 \rightarrow \infty$ 时，云滴集合 $\{d\} = \{d \mid d_{j_1} \in D_1, d_{j_2} \in D_2\}$ 所填充的区域。对 $S_{\cap}$ 的求法是通过分段积分完成的，分段的断点为定义域端点和曲线 $\mu_{D_1}^s, \mu_{D_1}^x, \mu_{D_2}^s, \mu_{D_2}^x$ 之间的交点。

显然，两云比较的顺序不同，得到的相似度也不同。设相似度 $\mathrm{Sim}(C_1 \rightarrow C_2) = S_{\cap}/S_{D_1}$ 表示云 C_1 与云 C_2 的相似程度。

这种云的相似度计算实际上带有一定的云模型语义特征。比如表示两种语义的云 C_1 与云 C_2，如果 C_1 的 S_{D_1} 包含 C_2 的 S_{D_2}，即 $S_{D_2} \subset S_{D_1}$，说明 C_1 包含的语义概念范围可表示 C_2 的概念，$\mathrm{Sim}(C_1 \rightarrow C_2) = S_{\cap}/S_{D_2} = 1$，所以 C_1 可以表示 C_2 所表示的概念。这种情况下对 C_2 而言，C_2 的概念只是 C_1 包含概念的一部分，$\mathrm{Sim}(C_2 \rightarrow C_1) = S_{\cap}/S_{D_1} < 1$，所以 C_2 不能表示 C_1 所表示的概念。上述情况的结果就是在语义分析中将 C_2 表示的语义概念化简去掉。

所以，可总结两云模型相似度比较的 4 种情况：

第一，如果 $\mathrm{Sim}(C_1 \rightarrow C_2) = \mathrm{Sim}(C_2 \rightarrow C_1) = 1$，则两个云表示的语义概念相同，两个语义概念化简为一个概念。

第二，如果 $\mathrm{Sim}(C_1 \rightarrow C_2) = S_{\cap}/S_{D_2} = 1$，$\mathrm{Sim}(C_2 \rightarrow C_1) = S_{\cap}/S_{D_1} < 1$，在语义分析中将 C_2 表示的语义概念化简去掉。

第三，如果 $\mathrm{Sim}(C_1 \rightarrow C_2) < 1$，$\mathrm{Sim}(C_2 \rightarrow C_1) < 1$，则两个云表示的语义概念既有相同部分也有不同部分。可通过云合并的相关方法合并语义，进而化简。

第四，如果 $\mathrm{Sim}(C_1 \rightarrow C_2) = \mathrm{Sim}(C_2 \rightarrow C_1) = 0$，则两个云表示的语义完全不同，不能进行化简。

3.5.2 实例分析

首先给出巷道冒顶问题的相关研究,具体工况及两位专家对巷道冒顶风险问题给出的评定意见。

巷道冒顶是多因素共同作用造成的,要寻找主要因素进行分析。在确定锚杆锚索支护参数时,锚固应到具有一定厚度的稳定岩层中,以保证锚固效果,因此,稳定岩层距顶板表面的距离和稳定岩层的厚度是应该考虑的主要因素。巷道的跨度影响顶板稳定性,跨度过大会使顶板岩层跨落,而跨度较小不能满足生产需要,所以巷道跨度是主要考虑的因素之一。顶板岩石抗压强度影响顶板稳定,顶板岩石的抗压强度表征了顶板岩层的承载能力,所以也是要考虑的主要原因之一。顶板出现渗水反映了顶板的整体稳定性较差,更容易出现冒顶事故。综上得到了影响巷道冒顶的指标:稳定岩层距巷道顶板表面的距离 D,m;地下水渗水量 K_1,取巷道每 10 m 长度在 1 min 内的渗水量大小;巷道的跨度 L,m;稳定岩层厚度 H,m;顶板岩石的抗压强度 R_c,MPa。

把巷道冒顶风险等级作为评语层,分别用低度风险(Ⅰ)、中度风险(Ⅱ)、高度风险(Ⅲ)和极高风险(Ⅳ)来表示,如表 3-5 所列。

表 3-5 巷道冒顶风险指标及分级

影响塌方因子	低度风险(Ⅰ)	中度风险(Ⅱ)	高度风险(Ⅲ)	极高风险(Ⅳ)
稳定岩层距巷道顶板表面的距离 D/m	>6	4～6	2～4	<2
地下水渗水量 K_1/[L·(min·10 m)$^{-1}$]	<10	10～25	25～125	>125
巷道的跨度 L/m	<4.5	4.5～5.2	5.2～6	>6
稳定岩层厚度 H/m	>40	20～40	10～20	<10
顶板岩石的抗压强度 R_c/MPa	>200	100～200	50～100	<50

某煤矿位于辽宁境内,四周距离城市均较近,矿井田总面积大约为 23.043 2 km^2,其东西向长度约为 4 200 m,南北方向上长约为 5 350 m。

聘请两位专家对该矿冒顶风险进行评价。这里为说明上述云相似度算法和语义化简过程,仅对专家评价中稳定岩层距巷道顶板表面距离的中度风险语义进行分析。两位专家分析了矿区实际工况,并给出了该语义的云模型。根据巷道中 200 个不同位置形成样本云滴 200 个,如图 3-10 所示。

根据第三、四步的论述,4 条包络线分别为:$\mu_{D_1}^s = \exp[-(x-5)^2/(2\times$

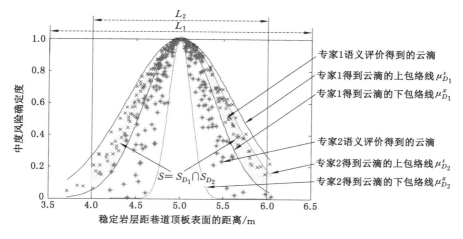

图 3-10　评价语义云模型

$0.616^2)], x \in [3.5, 6.5]; \mu_{D_1}^x = \exp[-(x-5)^2/(2 \times 0.408^2)], x \in [3.5, 6.5];$
$\mu_{D_2}^s = \exp[-(x-5)^2/(2 \times 0.538^2)], x \in [4,6]; \mu_{D_2}^x = \exp[-(x-5)^2/(2 \times$
$0.13^2)], x \in [4,6]$。那么，$S_{D_1} = \int_{E_{x1}-3E_{n1}}^{E_{x1}+3E_{n1}} (\mu_{D_1}^s - \mu_{D_1}^x) \mathrm{d}x = 0.498\ 6; S_{D_2} =$
$\int_{E_{x2}-3E_{n2}}^{E_{x2}+3E_{n2}} (\mu_{D_2}^s - \mu_{D_2}^x) \mathrm{d}x = 0.937\ 7$，得 $S_\cap = S_{D_1} \bigcap S_{D_2} = 0.255\ 4$。

　　$\mathrm{Sim}(C_1 \to C_2) = S_\cap / S_{D_1} = 0.255\ 4/0.498\ 6 < 1, \mathrm{Sim}(C_2 \to C_1) = S_\cap /$
$S_{D_2} = 0.255\ 4/0.937\ 7 < 1$，这说明两位专家对该问题的看法既有联系又有区别，可通过进一步处理将二者综合在一起。由于篇幅所限，其他三种情况不再举例。

3.5.4　相关研究

（1）属性圆与多属性决策云模型

为了使云模型能方便、有效地进行多属性决策，适应专家所提供的范围数据，我们对属性圆模型进行了改造，使其可以适应上述数据特点，并能计算出云模型特征参数。云模型不仅对多属性决策存在问题，而且无法直观表达高维属性云图；同时，专家不仅不能界定不同决策级别的具体分割点（只能给出一个较小的范围），云模型也不能处理范围性数据。为此，我们给出了属性圆的定义、性质和绘制过程以及如何通过属性圆计算表示某决策等级的云模型特征参数。属性圆对多属性对象的表示来自因素空间理论，这里将作者者提出的属性圆根据云模型的特点进行了改造，包括定义决策系统、属性归一化、属性圆特征及性质、属性圆面积求法、基于属性圆的云模型计算。通过实例研究给出了基于属性圆的云模型计算过程和应用方案,研究了某电气系统可靠性决策问题。该电气系统可靠性主要受到电压、温度和湿度的影响。根据数据处理和专家分析,计算出属于可靠性风险可接受决策级别下的一组状态的面积,进而计算了属于该决策级别下的 136 组面积,得到了表示可接受决策的云模型。同理,可得到有条件可接受、不希望和不可接受决策级别云模型,构成决策云集合,可用于实际系统的可靠性级别决策。

(2) 变因素下系统可靠性模糊评价

提出了一个系统可靠性模糊评价问题:如果知晓多个因素变化状态下,元件失效对系统可靠性影响的综合评价矩阵,那么如何统一地表示这些评价信息,并进而了解这些状态之间的过渡状态对应的综合评价矩阵。针对该问题,我们提出了一种可考虑不同因素值变化对系统可靠性影响的模糊综合评价方法。首先,将不同状态下得到的多个综合评价矩阵中云模型对应位置的特征参数作为因变量,不同状态的影响因素值作为自变量进行拟合;其次,将拟合后函数代替云模型特征参数与权重云相乘得到最终的评价结果;最后,得到的云模型是带有因素自变量的函数,从而确定不同影响因素下的系统可靠性。书中给出了上述方法的具体推导过程,并用实例说明了该方法的应用。所得结果展示了原始的3 个根据实际数据确定的综合评价矩阵对应的模糊综合评价云模型,考虑温度连续变化时形成的云模型,进而可评价在该温度区间内的系统可靠性情况。

(3) 系统可靠性评估方法研究

基于空间故障树的基本事项和算法,提出了 T-S 模糊故障树和 BN 可靠性评估方法的改造。基于 SFT 的思想提出了原有方法存在的问题:一是系统状态计算结果的存在性问题;二是系统状态的模糊化问题;三是基本事件发生的概率确定问题。第一个问题可通过书中提出的计算结果有效范围解决;第二个根据经验和系统基本事件特性确定;第三个问题可直接引入 SFT 的基本事件概率分布图解决。改造后方法的故障概率计算规则如下:首先,明确元件同时处于某状态时是否存在有工作条件区域重叠;其次,根据元件的故障概率等值曲线,对元件处于该状态下有效范围内的概率进行计算。

(4) 云化 AHP 模型及应用

为了研究露天矿抛爆作业效果与影响抛爆因素之间的关系、确定抛爆效果优劣,提出了一种层次分析-云模型(AHP-CM)的评价方法。首先,根据相关文献和露天矿抛爆现场经验,确定主要影响抛爆效果的因素,即炸药单位消耗量、极限振速、有效抛掷率及松散系数,并对抛爆效果进行分级。其次,利用云模型可表示数据离散性、模糊性、随机性的特点,表示抛爆因素与抛爆效果之间的关系。再次,利用 AHP 得到这些因素对抛爆效果影响的权重。最后,得到各组影响因素的抛爆效果分级。

（5）合作博弈-云化 AHP 的方案选优

一方面，根据多专家多方案选优问题，提出了合作博弈 - 云化 AHP 模型进行解决，构建了合作博弈 - 云化 AHP 算法；利用云模型对于专家评价数据的不确定性的处理能力，将云模型嵌入 AHP 方法中，对 AHP 分析过程进行了云模型改造。另一方面，根据多专家对多方案比选排序过程的特点，使用合作博弈的思想对专家决策群意见进行统一，得到最终的方案排序。模型主要包括：云化 AHP 的判断矩阵、云化 AHP 的因素比较矩阵、云化 AHP 的判断矩阵及其归一化；计算相关系数 $L(i)$、组合权重 W'、归一化处理。与其他算法的优势进行对比后，将合作博弈 - 云化 AHP 算法与 AHP - 云模型、ANN 耦合遗传算法、结构元直接模糊集和 GA 算法和云化 AHP 模型进行了对比。研究表明，在最优选择方案相同的情况下，该方法能够更好地处理基础专家数据的不确定性，也可以较好地综合专家决策群意见，数据量较小且计算量小。

3.6　本章小结

智能化空间故障树理论是空间故障树理论体系的第二部分。由于影响因素等的不确定性，导致难以获得精确的因果关系。本章提出了智能化空间故障树理论，用于描述故障大数据以及可靠和失效与影响因素的关系；研究了系统可靠性结构及其变化特征，形成了原始的系统功能结构分析理论；利用云模型特点对故障数据进行表示，形成了云化空间故障树。研究表明，智能化空间故障树理论赋予了空间故障树进行逻辑推理的能力，是空间故障树理论与智能科学进行交叉研究的首次尝试。

第4章 空间故障网络理论

　　系统故障演化过程(SFEP)普遍存在于生产、生活的方方面面中,小到日常生活,大到航空航天、国防,都蕴含着系统故障演化过程。更本质的是,任何存在事物都是一个系统,不同的事物对应的系统可能是不同层级的系统。它们与周围系统或者并列,或者包含,或者被包含。因此,任何一个系统变化都可影响到包含这个系统的系统。同样,系统变化也是由于内部子系统的结构和功能变化导致的。系统可分解为子系统及其组成系统的结构。对于系统而言,只要其子系统或系统结构发生变化,该系统就会发生改变。要定义系统改变,就要从系统的定义出发,系统是需要完成一定目的的有机整体。为了完成这个目的,需要子系统按照一定结构组成该系统。因此,系统是否能完成设计目的,可作为系统是否变化、是否合格的衡量标准。人们将系统完成功能的情况称为可靠性,对应的系统可靠性变化可通过系统故障来诠释。

　　进一步地讲,系统故障的发生不是一蹴而就的,而是一种演化过程。当然,这里演化并不单指时间过程,也包含了系统运行过程中各种因素导致系统发生故障或事故的情况。那么,系统故障演化过程在宏观上可描述为多个事件按照一定逻辑顺序相继发生的过程,在微观上可描述为事件之间两两因果关系作用。但是,由于系统故障演化过程具有其自身特点,现有系统分析方法难以适用,给系统故障演化过程的研究带来困难。然而,系统故障演化过程无处不在,其研究在理论和应用层面意义重大,主要研究成果见文献[119-133]。

4.1　空间故障网络与系统故障演化过程

4.1.1　空间故障网络的基本思想

在使用空间故障树分析故障时,人们发现复杂故障过程难以使用树形结构表示,而更趋近于多个事件按照一定的因果关系连接起来的网络。

例如,在研究冲击地压全过程时,描述冲击地压过程本身就很困难,其过程分为多个阶段,不同阶段诱发的原因不同,导致的结果也不同。因此,冲击地压全过程实际上是一种力学系统的演化过程。通过进一步研究发现,深度、岩体结构形式、水环境等不同因素造成的冲击地压过程不同。那么,如何考虑这些影响因素对冲击地压过程进行描述则是科研人员需要解决的关键问题。同样,在研究露天矿矿区区域灾害风险时,科研人员也遇到类似问题。一般露天矿位于城市周边,开采活动给城市带来了地表沉陷、地下水污染、空气污染等灾害。对这些主要灾害进行研究发现,导致这些灾害的因素不同,包括开采活动、水、火、震(振)动等。开采活动因素具体分为 4 大类:井工开采和露天开采;水因素包括降水、地表水和地下水;火因素包括地表残煤和地下煤层起火;震动因素包括矿震、机械振动和爆破震动。但这些因素之间也可能相互作用,因为这些矿区灾害的发生过程是由众多因素相互影响而实现的。对于简单的电气系统来说,可以使用空间故障树理论分析可靠性与影响因素的关系。但对于复杂电气系统而言,其故障过程仍是多个事件在不同影响因素作用下交织在一起的演化过程。

由此可见,无论是自然灾害的冲击地压和矿区灾害,还是人工电气系统故障,都可理解为多因素影响下的系统故障演化过程。也就是说,可将自然灾害和人工系统故障发生过程在系统层面上抽象为系统故障演化过程。当然,实现系统故障演化过程需要解决很多问题,如系统故障演化过程的网络化描述、多因素影响与系统故障演化的关系、故障演化过程中的数据收集与分析、故障演化过程网络表示和处理方法等。随着研究工作的深入开展,空间故障网络理论可用于系统故障演化过程的表示和分析,这是空间故障网络理论的基础。

4.1.2　空间故障网络的组成及物理意义

首先,给出空间故障网络的基本定义和组成部分,为避免重复,这里进行了简化。

定义 4.1　空间故障网络:由系统故障事件及其逻辑关系组成的网络结构,

用 $W=(x,L,R,H,B)$ 表示,其中 x 为网络中的节点集合(事件);L 为网络中的连接集合;R 为网络跨度集合;H 为网络宽度集合;B 是布尔代数系统。

定义 4.2　节点:空间故障网络的节点代表故障过程中的事件。节点用 v_i 表示,节点集合 $V=\{v_1,v_2,\cdots,v_I\}$,共有 I 个节点。节点分为 3 类:一是边缘事件,导致故障的基本事件;二是过程事件,由边缘事件或其他过程事件导致的事件,同时也导致其他过程事件或最终事件;三是最终事件,边缘事件或过程事件导致的事件,但不导致任何其他事件发生。

边缘事件和过程事件可作为原因事件,导致其他事件发生;过程事件和最终事件可作为结果事件。

定义 4.3　事件发生概率:事件发生概率与 SFT 中的定义相同,用特征函数 P_i 表示。

定义 4.4　连接:故障发生过程中事件之间的影响传递,用 l_j 表示,连接集合 $L=\{l_1,l_2,\cdots,l_J\}$,共有 J 个连接。

定义 4.5　路径:从一个事件到另一个事件过程中的多个连接的组合,这些连接具有统一方向,用 e_f 表示,路径集合 $E=\{e_1,e_2,\cdots,e_F\}$,共有 F 个路径。

定义 4.6　传递概率:原因事件可导致结果事件的概率,用 P_j 或 $P_{c\rightarrow r}$ 表示。

定义 4.7　跨度:两个事件之间经过的连接数量,用 r_o 表示,跨度集合 $R=\{r_1,r_2,\cdots,r_O\}$,共有 O 个跨度。

定义 4.8　宽度:一个事件所涉及的所有边缘事件的所有节点的总数,用 b_m 表示,宽度集合 $H=\{b_1,b_2,\cdots,b_M\}$,共有 M 个跨度。

定义 4.9　事件逻辑关系:过程事件和最终事件都包含了引起它们发生的原因事件的逻辑关系。这些逻辑关系包括"与""或""非",与故障树的逻辑关系相同,用 $(B,\vee,\wedge)$ 表示。

从上述定义可知,空间故障网络由节点和连接组成。与节点相关的概念包括事件、事件发生概率、宽度;与连接相关的概念包括路径、传递概率、跨度。下面给出它们的物理意义,同时给出车床绞长发事故的经典故障树案例,如图 4-1 所示。

关于事件的物理意义,由图 4-1 可知,所有包含文字的图形都表示事件。这些事件的描述都有统一规则,都是由一个对象和一种状态组成的。例如,车床旋转=车床对象+旋转状态,未带防护帽=防护帽对象+未带状态,等等。所以,故障树本质是描述多个对象在多个状态下的故障发展过程,简单的过程可用树形结构进行表示。

事件发生概率的物理意义表示事件中对象的基本故障特征,该故障特征不依赖于任何外界作用,是对象本身的属性。用空间故障树的元件故障概率分布

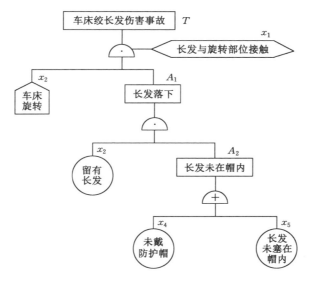

图 4-1　故障树案例

解释,就是元件由于物理材料性质在不同因素影响下完成功能的能力不同。例如,元件受温度影响,可靠性在适合的温度下较高,在不适合温度下较低;同时,元件在使用时间较短时可靠性较高,使用时间较长时可靠性较低。这些是事件中对象自身的性质,而在实际工作过程中总能根据温度和使用时间确定元件故障概率。

宽度的物理意义是描述故障发生过程中涉及的所有边缘事件,表示故障演化过程中原因的复杂性。

路径的物理意义表示在复杂故障网络中,每一种可能造成最终事件发生的单一故障演化过程。这些单一的故障演化过程交织在一起形成系统演化的网络结构。

传递概率的物理意义表示原因事件的存在性及原因事件发生导致结果事件发生的概率。传递概率是一个综合值,也是对原因事件存在性和导致结果事件发生可能性的综合度量。传递概率可能是一种多概率的综合值,其确定方法有待进一步研究。但是,如果原因事件不存在,则传递概率为 0;当原因事件存在且必然导致时,传递概率为 100%。传递概率与事件发生概率是不相关的,事件发生概率是事件对象本身的故障特性,不受因素影响;传递概率表示事件间的因果关系,受到多因素影响作用。

跨度表示两个事件之间的联系程度,用于衡量两个事件之间的可达性。

因此,空间故障网络实际上描述了对象、状态及传递概率之间的关系。对象是实体,也是故障的承受者;状态是对象的存在形式,也是故障的表现;传递概率是对象之间的联系,也是故障的因果关系。

4.1.3 空间故障网络转化

考虑对象、状态及传递概率,将空间故障网络转化为空间故障树,旨在通过一定规则将空间故障网络转化为空间故障树,从而利用空间故障树已有概念和方法研究空间故障网络。当然,也可借助图论研究专门的空间故障网络分析方法。目前,关于系统故障演化过程的空间故障网络描述方法学术界还缺乏详细研究,更为准确的描述方法有待学者们进一步研究。这里假设已得到空间故障网络,如图 4-2 所示,研究转化为空间故障树后的最终事件,即空间故障树顶事件发生概率的计算方法。

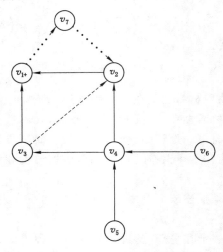

图 4-2 空间故障网络

在得到空间故障网络后转化为空间故障树的步骤如下:

(1) 在空间故障网络中确定需要研究的最终事件,见图 4-2 中 v_1。

(2) 从该最终事件开始,沿着连接的反方向,即传递概率的逆方向找到与该事件相关的原因事件。

(3) 将找到的原因事件作为最终事件继续按照步骤(2)寻找原因事件。

(4) 如果寻找到的原因事件是边缘事件,则停止寻找;否则继续执行步骤(3)。

在图 4-2 和图 4-3 中,实线、虚线和点线都是相互对应的,分别代表了空间故障网络与空间故障树对应的部分。空间故障网络分为 3 类,即一般结构、多向环网络结构、含有单向环的多向环网络结构。图 4-2 中一般结构为实线箭头与

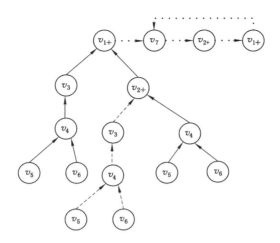

图 4-3　转化后的空间故障树

事件组成的部分;多向环网络结构为实线箭头、虚线箭头与事件组成的部分;含有单向环的多向环网络结构为实线箭头、虚线箭头、点线箭头与事件组成的部分。

　　我们研究了一般结构、多向环网络结构、含有单向环的多向环网络结构的最终事件发生概率,并给出了推导过程,但这些推导过程略有偏差。当结果事件由两个原因事件导致且逻辑关系是"或"时,如图 4-3 中 v_1,原推导过程得到最终事件发生概率为 $p_1 = p_3 p_{3\to1} + p_2 p_{2\to1}$,这是一种近似解。实际上,最终事件发生概率应为 $p_1 = 1 - (1 - p_3 p_{3\to1})(1 - p_2 p_{2\to1}) = p_3 p_{3\to1} + p_2 p_{2\to1} - p_3 p_{3\to1} p_2 p_{2\to1}$。虽然 $p_3 p_{3\to1} p_2 p_{2\to1}$ 高阶小于 $p_3 p_{3\to1}$ 和 $p_2 p_{2\to1}$,但是当 $p_{3\to1} = p_{2\to1} = 1$、事件发生概率 p_3 和 p_2 接近 1 时,$p_3 p_{3\to1} p_2 p_{2\to1}$ 项不能被忽略。因此,这里重新给出一般结构和多向环网络结构的最终事件发生概率推导过程,并进一步讨论。

　　研究图 4-2 和图 4-3 中实线箭头与事件组成的部分,先将 v_1 作为空间故障网络中的研究对象,即最终事件;再将空间故障网络转化为空间故障树,过程如式(4-1)所列。

$$p_4 = p_5 p_{5\to4} \times p_6 p_{6\to4}$$
$$p_3 = p_4 p_{4\to3}$$
$$p_2 = p_4 p_{4\to2}$$
$$p_1 = p_3 p_{3\to1} + p_2 p_{2\to1} - p_3 p_{3\to1} p_2 p_{2\to1}$$

即

$$p_1 = p_5 p_{5\to4} p_6 p_{6\to4} p_{4\to3} p_{3\to1} + p_5 p_{5\to4} p_6 p_{6\to4} p_{4\to2} p_{2\to1} - $$
$$p_6{}^2 p_5{}^2 p_{5\to4}{}^2 p_{6\to4}{}^2 p_{4\to3} p_{3\to1} p_{4\to2} p_{2\to1}$$

$$= p_6 p_5 p_{5\to4} p_{6\to4} p_{4\to3} p_{3\to1} + p_6 p_5 p_{5\to4} p_{6\to4} p_{4\to2} p_{2\to1} -$$
$$p_6{}^2 p_5{}^2 p_{5\to4}{}^2 p_{6\to4}{}^2 p_{4\to3} p_{3\to1} p_{4\to2} p_{2\to1}$$
$$= p_6 p_5 (p_{5\to4} p_{6\to4} p_{4\to3} p_{3\to1} + p_{5\to4} p_{6\to4} p_{4\to2} p_{2\to1}) -$$
$$p_6{}^2 p_5{}^2 (p_{5\to4}{}^2 p_{6\to4}{}^2 p_{4\to3} p_{3\to1} p_{4\to2} p_{2\to1}) \tag{4-1}$$

一阶故障演化过程:

$$p_6 p_5 (p_{5\to4} p_{6\to4} p_{4\to3} p_{3\to1} + p_{5\to4} p_{6\to4} p_{4\to2} p_{2\to1})。$$

二阶故障演化过程:

$$p_6{}^2 p_5{}^2 (p_{5\to4}{}^2 p_{6\to4}{}^2 p_{4\to3} p_{3\to1} p_{4\to2} p_{2\to1})。$$

总故障演化过程:

$$p_6 p_5 (p_{5\to4} p_{6\to4} p_{4\to3} p_{3\to1} + p_{5\to4} p_{6\to4} p_{4\to2} p_{2\to1}) -$$
$$p_6{}^2 p_5{}^2 (p_{5\to4}{}^2 p_{6\to4}{}^2 p_{4\to3} p_{3\to1} p_{4\to2} p_{2\to1})。$$

定义 4.10 系统故障演化过程的阶数等于相同边缘事件发生概率的最高次数。例如,一阶故障演化过程的 $p_6 p_5$,二阶故障演化过程 $p_6{}^2 p_5{}^2$。

阶数表示了故障演化过程边缘事件的重复发生次数,阶数越高表明需要的相同边缘事件越多,发生的整体概率越小。一阶故障演化过程 $p_6 p_5 (p_{5\to4} p_{6\to4} p_{4\to3} p_{3\to1} + p_{5\to4} p_{6\to4} p_{4\to2} p_{2\to1})$ 的物理意义为故障演化过程由边缘事件 $p_6 p_5$ 开始,经过 $p_{5\to4} p_{6\to4} p_{4\to3} p_{3\to1}$ 和 $p_{5\to4} p_{6\to4} p_{4\to2} p_{2\to1}$ 两种演化过程可导致最终事件 v_1 发生。可从这两个演化过程得到 v_1 的跨度和宽度,这里不再详述。二阶故障演化过程 $p_6{}^2 p_5{}^2 (p_{5\to4}{}^2 p_{6\to4}{}^2 p_{4\to3} p_{3\to1} p_{4\to2} p_{2\to1})$ 需要 4 个边缘事件,两个 p_6 事件和两个 p_5 事件。演化过程为 $p_{5\to4}{}^2 p_{6\to4}{}^2 p_{4\to3} p_{3\to1} p_{4\to2} p_{2\to1}$,即 $p_{5\to4} p_{5\to4} p_{6\to4} p_{6\to4} p_{4\to3} p_{3\to1} p_{4\to2} p_{2\to1}$。由此可见,二阶故障演化过程起始更为困难,且发生过程更为复杂。相比之下,对于总系统故障演化过程,一阶故障演化过程起着主导作用,使 v_1 发生概率增加;二阶故障演化过程起次要作用,使 v_1 发生概率减小。

研究图 4-2 和图 4-3 中实线箭头、虚线箭头与事件组成的部分,将 v_1 作为最终事件,将空间故障网络转化为空间故障树,过程如式(4-2)所列。

$$p_4 = p_5 p_{5\to4} \times p_6 p_{6\to4} = p_5 p_6 p_{5\to4} p_{6\to4}$$
$$p_3 = p_4 p_{4\to3} = p_5 p_6 p_{5\to4} p_{6\to4} p_{4\to3}$$
$$p_2 = p_4 p_{4\to2} + p_3 p_{3\to2} - p_4 p_{4\to2} p_3 p_{3\to2}$$
$$p_1 = p_3 p_{3\to1} + p_2 p_{2\to1} - p_3 p_{3\to1} p_2 p_{2\to1}$$
$$= p_4 p_{4\to3} p_{3\to1} + (p_4 p_{4\to2} + p_3 p_{3\to2} - p_4 p_{4\to2} p_3 p_{3\to2}) p_{2\to1} -$$
$$p_4 p_{4\to3} p_{3\to1} (p_4 p_{4\to2} + p_3 p_{3\to2} - p_4 p_{4\to2} p_3 p_{3\to2}) p_{2\to1}$$
$$= p_5 p_6 p_{5\to4} p_{6\to4} p_{4\to3} p_{3\to1} + p_5 p_6 p_{5\to4} p_{6\to4} p_{4\to2} p_{2\to1} +$$
$$p_5 p_6 p_{5\to4} p_{6\to4} p_{4\to3} p_{3\to2} p_{2\to1} - p_5{}^2 p_6{}^2 p_{5\to4}{}^2 p_{6\to4}{}^2 p_{4\to2} p_{4\to3} p_{3\to2} p_{2\to1} -$$
$$p_5 p_6 p_{5\to4} p_{6\to4} p_{4\to3} p_{3\to1} (p_5 p_6 p_{5\to4} p_{6\to4} p_{4\to2} + p_5 p_6 p_{5\to4} p_{6\to4} p_{4\to3} p_{3\to2} -$$

$$p_5\ p_6\ p_{5\to4}\ p_{6\to4}\ p_{4\to2}\ p_5\ p_6\ p_{5\to4}\ p_{6\to4}\ p_{4\to3}\ p_{3\to2}\ )\ p_{2\to1}$$

$$= p_5\ p_6\ p_{5\to4}\ p_{6\to4}\ p_{4\to3}\ p_{3\to1} + p_5\ p_6\ p_{5\to4}\ p_{6\to4}\ p_{4\to2}\ p_{2\to1} +$$

$$p_5\ p_6\ p_{5\to4}\ p_{6\to4}\ p_{4\to3}\ p_{3\to2}\ p_{2\to1} - p_5{}^2\ p_6{}^2\ p_{5\to4}{}^2\ p_{6\to4}{}^2\ p_{4\to2}\ p_{4\to3}\ p_{3\to2}\ p_{2\to1} -$$

$$p_5{}^2\ p_6{}^2\ p_{5\to4}{}^2\ p_{6\to4}{}^2\ p_{4\to3}\ p_{3\to1}\ p_{6\to4}\ p_{4\to2}\ p_{2\to1} -$$

$$p_5{}^2\ p_6{}^2\ p_{5\to4}{}^2\ p_{6\to4}{}^2\ p_{4\to3}\ p_{3\to1}\ p_{2\to1} +$$

$$p_5{}^3\ p_6{}^3\ p_{5\to4}{}^3\ p_{6\to4}{}^3\ p_{4\to3}{}^2\ p_{4\to2}\ p_{3\to2}\ p_{3\to1}\ p_{2\to1}$$

$$= p_5\ p_6\ (\ p_{5\to4}\ p_{6\to4}\ p_{4\to3}\ p_{3\to1} + p_{5\to4}\ p_{6\to4}\ p_{4\to2}\ p_{2\to1} -$$

$$p_{5\to4}\ p_{6\to4}\ p_{4\to3}\ p_{3\to2}\ p_{2\to1}\ ) - p_5{}^2\ p_6{}^2\ (\ p_{5\to4}{}^2\ p_{6\to4}{}^2\ p_{4\to2}\ p_{4\to3}\ p_{3\to2}\ p_{2\to1} +$$

$$p_{5\to4}{}^2\ p_{6\to4}{}^2\ p_{4\to3}\ p_{3\to1}\ p_{6\to4}\ p_{4\to2}\ p_{2\to1} + p_{5\to4}{}^2\ p_{6\to4}{}^2\ p_{4\to3}\ p_{3\to2}\ p_{3\to1}\ p_{2\to1}\ ) +$$

$$p_5{}^3\ p_6{}^3\ (\ p_{5\to4}{}^3\ p_{6\to4}{}^3\ p_{4\to3}{}^2\ p_{4\to2}\ p_{3\to2}\ p_{3\to1}\ p_{2\to1}\ ) \tag{4-2}$$

一阶故障演化过程：

$$p_5\ p_6\ (\ p_{5\to4}\ p_{6\to4}\ p_{4\to3}\ p_{3\to1} + p_{5\to4}\ p_{6\to4}\ p_{4\to2}\ p_{2\to1} - p_{5\to4}\ p_{6\to4}\ p_{4\to3}\ p_{3\to2}\ p_{2\to1}\ )。$$

二阶故障演化过程：

$$p_5{}^2\ p_6{}^2\ (\ p_{5\to4}{}^2\ p_{6\to4}{}^2\ p_{4\to2}\ p_{4\to3}\ p_{3\to2}\ p_{2\to1} + p_{5\to4}{}^2\ p_{6\to4}{}^2\ p_{4\to3}\ p_{3\to1}\ p_{6\to4}\ p_{4\to2}\ p_{2\to1} +$$

$$p_{5\to4}{}^2\ p_{6\to4}{}^2\ p_{4\to3}{}^2\ p_{3\to2}\ p_{3\to1}\ p_{2\to1}\ )。$$

三阶故障演化过程：

$$p_5{}^3\ p_6{}^3\ (\ p_{5\to4}{}^3\ p_{6\to4}{}^3\ p_{4\to3}{}^2\ p_{4\to2}\ p_{3\to2}\ p_{3\to1}\ p_{2\to1}\ )。$$

总故障演化过程：

$$p_5\ p_6\ (\ p_{5\to4}\ p_{6\to4}\ p_{4\to3}\ p_{3\to1} + p_{5\to4}\ p_{6\to4}\ p_{4\to2}\ p_{2\to1} - p_{5\to4}\ p_{6\to4}\ p_{4\to3}\ p_{3\to2}\ p_{2\to1}\ ) -$$

$$p_5{}^2\ p_6{}^2\ (\ p_{5\to4}{}^2\ p_{6\to4}{}^2\ p_{4\to2}\ p_{4\to3}\ p_{3\to2}\ p_{2\to1} + p_{5\to4}{}^2\ p_{6\to4}{}^2\ p_{4\to3}\ p_{3\to1}\ p_{6\to4}\ p_{4\to2}\ p_{2\to1} +$$

$$p_{5\to4}{}^2\ p_{6\to4}{}^2\ p_{4\to3}{}^2\ p_{3\to2}\ p_{3\to1}\ p_{2\to1}\ ) + p_5{}^3\ p_6{}^3\ (\ p_{5\to4}{}^3\ p_{6\to4}{}^3\ p_{4\to3}{}^2\ p_{4\to2}\ p_{3\to2}\ p_{3\to1}\ p_{2\to1}\ )。$$

与上述分析相同，一阶故障演化过程由边缘事件 $p_6\ p_5$ 开始，经过 3 条路径完成故障演化过程：$p_{5\to4}\ p_{6\to4}\ p_{4\to3}\ p_{3\to1}$、$p_{5\to4}\ p_{6\to4}\ p_{4\to2}\ p_{2\to1}$、$p_{5\to4}\ p_{6\to4}\ p_{4\to3}\ p_{3\to2}\ p_{2\to1}$，其中最后的路径使 v_1 发生概率减小。二阶故障演化过程使 v_1 发生概率减小，由边缘事件 $p_5{}^2\ p_6{}^2$ 开始，过程为：$p_{5\to4}{}^2\ p_{6\to4}{}^2\ p_{4\to2}\ p_{4\to3}\ p_{3\to2}\ p_{2\to1}$、$p_{5\to4}{}^2\ p_{6\to4}{}^2\ p_{4\to3}\ p_{3\to1}\ p_{6\to4}\ p_{4\to2}\ p_{2\to1}$、$p_{5\to4}{}^2\ p_{6\to4}{}^2\ p_{4\to3}{}^2\ p_{3\to2}\ p_{3\to1}\ p_{2\to1}$。三阶故障演化过程使 v_1 发生概率增加，由边缘事件 $p_5{}^3\ p_6{}^3$ 开始，过程为：$p_{5\to4}{}^3\ p_{6\to4}{}^3\ p_{4\to3}{}^2\ p_{4\to2}\ p_{3\to2}\ p_{3\to1}\ p_{2\to1}$。

综上所述，随着空间故障网络复杂性增加和演化过程的延长，阶数逐渐增加且路径逐渐延长。随着阶数升高，虽然对最终事件发生概率影响降低，但是应视具体情况而定。一般情况下，奇数阶数都使最终事件发生概率增加，偶数阶数则使事件发生概率降低。

4.1.4　空间故障网络中单向环结构的表示和处理

除了上述两种结构外，在空间故障网络中还有一类特殊结构，即单向环结构。其中,所有事件的连接方向一致,组成一种贯穿全部事件的循环路径。在故障演化过程中,单向环结构表示一种互为因果关系、受外界影响较小、一旦发生难以停止的故障演化过程。因此,对实际故障发生过程,单向环表示循环上升的故障或灾害发生过程。这种故障和灾害一旦发生,由于各事件和因素相互支持,其规模和严重程度度将迅速扩大,难以通过演化过程本身的限制停止。

单向环结构空间故障网络与空间故障树的转化也与上述两种不同。实际上,这种结构难以表示为空间故障树。下面给出 4 种类型的单向环结构,如图 4-4 所示。

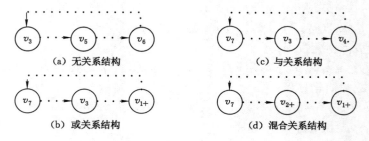

图 4-4　单向环结构图

无关系单向环结构如图 4-4(a)所示,这是一种最简单的单向环结构。其特点是各结果事件有且只有一个原因事件,各原因事件只导致一个结果事件发生。而且事件都是按照同一顺序进行连接的,过程中不需要任何其他事件参与。因此,对应的实际故障发生过程一旦发生就不会停止,除非其中任意事件的对象消失,或者对象状态改变,或者传递概率为 0,这将导致事件或连接消失从而阻断单向环发展。

或关系单向环结构如图 4-4(b)所示,环中至少有一个结果事件可由两个或两个以上原因事件独立导致。如图 4-4(b)中 v_{1+},表示 v_1 事件由 v_3 事件和其他事件通过“或”关系导致。与无关系单向环结构相比,一旦发生控制更为困难,这是因为该结构可分解为多个无关系单向环的叠加,如图 4-5 所示。

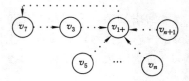

图 4-5　或关系单向环的分解

图 4-5 可知由于事件 v_{1+} 有多个原因事件,那么即使消除事件 v_3 或 v_7 与 v_3

的连接或 v_3 与 v_1 连接，由于 $v_5, \cdots, v_n, v_{n+1}$ 的存在，该循环结构仍可继续发生，故障演化过程难以停止。阻止该循环过程发生，可将所有与 v_1 相关的原因事件及他们的连接消除，即消除对象，或者对象状态改变，或者传递概率为 0。更简洁的办法是消除包括 v_1、v_7 及它们之间的事件对象，或者改变对象状态，或者传递概率为 0，可阻止过程发展。

与关系单向环结构如图 4-4(c)所示，环中至少有一个结果事件由两个或两个以上原因事件共同导致。如图 4-4(c)中 $v_4.$，表示 v_4 事件由 v_3 事件和其他事件通过"与"关系导致。与无关系单向环结构相比，阻止循环较为简单，这是因为导致 v_4 发生的原因事件较多且必须共同存在。那么，只需要消除 v_4 的原因事件或在环中其余事件的对象或改变对象状态或传递概率为 0，即可阻止过程发展。

混合关系单向环结构如图 4-4(d)所示，环中事件由多个原因事件导致，且它们通过"与"和"或"关系导致不同的结果事件发生。这是一种兼有"与，或"关系的更为复杂的单向环结构，具备了两种结构的特点。阻止这种结构故障演化过程的措施可混合使用上述两种阻止措施。

4.1.5　空间故障网络中最终事件发生概率计算

空间故障网络虽然给出了一般结构、多向环网络结构、含有单向环的多向环网络结构与空间故障树的转化方法，但研究表明，对一般结构、多向环网络结构的表示，原方法缺乏精度，且没有涉及更为隐含的二阶及高阶故障演化过程。同样，对含有单向环的多向环网络结构的表示也不理想。原因是缺乏对单向环结构的归类，如第四节所示。另外，单向环结构在实际故障过程中随着循环次数增加发生可能性和后果也是增加的，但现有方法显然忽略了这些特征。本节对一般结构、多向环网络结构的推导过程进行研究，而含有单向环的多向环网络结构有待进一步研究与空间故障树的转化方法，这里不再论述。

从最终事件(顶事件)发生概率式可知，概率由两方面确定：一是边缘事件发生概率；二是演化过程的众多传递概率。

对边缘事件的发生概率，这里借用空间故障树的相关方法确定。使用温度和时间情况下的故障发生概率，这是空间故障树的特点，并被空间故障网络继承。图 4-6 给出了元件 x_1 和 x_2 的故障概率分布。

两种结构的一阶、二阶和三阶故障演化过程涉及的边缘事件为 $p_5 p_6$、$p_5{}^2 p_6{}^2$ 和 $p_5{}^3 p_6{}^3$。将元件 x_1 作为事件 v_5 的对象，其状态指故障概率情况；将元件 x_2 作为事件 v_6 的对象，其状态指故障概率情况。保证 v_5 v_6 事件同时发生，这是 x_1 和 x_2 同时故障的概率。根据元件故障概率分布的定义将两元件的故障概率分布叠加，如图 4-7 所示。

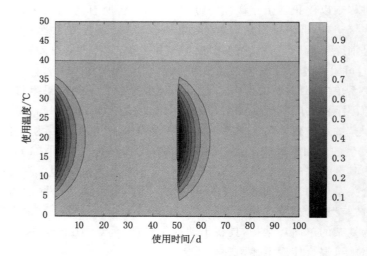

(a) x_1元件的故障概率分布

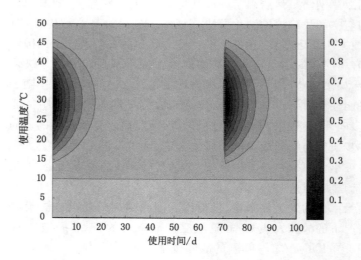

(b) x_2元件的故障概率分布

图 4-6　故障概率分布

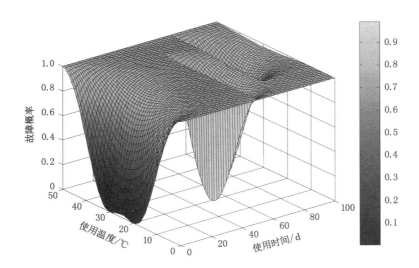

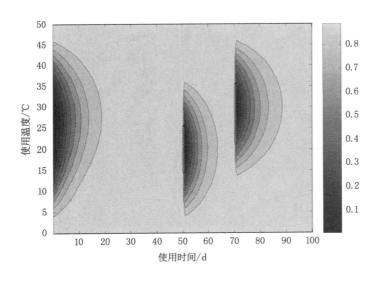

（a）　一阶 $p_5 p_6$

图 4-7　各阶故障演化过程边缘事件概率分布叠加

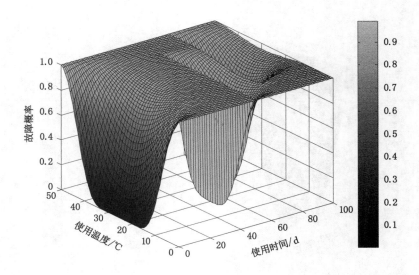

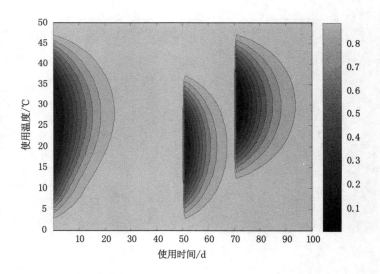

(b) 二阶 $p_5{}^2p_6{}^2$

图 4-7 （续）

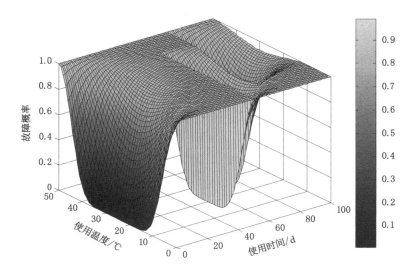

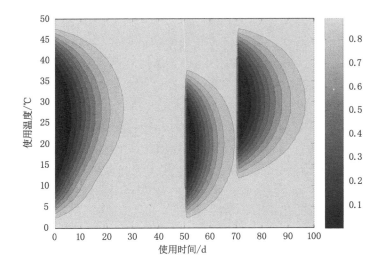

（c）三阶 $p_5{}^3 p_6{}^3$

图 4-7　（续）

图 4-7 所示为一阶、二阶、三阶故障演化过程中边缘事件共同发生的故障概率分布。这些故障概率分布不依赖其他条件，是事件 v_5 和事件 v_6 对应元件 x_1 和 x_2 同时发生故障表现出的特征，也是在因素使用时间和使用温度变化过程中故障概率的固有特征。从一阶、二阶、三阶边缘事件故障概率的叠加情况来看，随着阶数升高，边缘事件的故障概率叠加使故障概率降低，但其可靠性增加。这是由于随着阶数升高，需要更多的边缘事件同时发生，即对象同时发生故障。因此，需要同时发生故障的对象增加将导致这种可能性逐渐降低。

演化过程中各事件之间的传递概率代表着原因事件的存在性及原因事件导致结果事件的可能性。实际上，系统故障演化过程的关键在于传递概率而非边缘事件。边缘事件发生概率分布是其在多因素影响下的固有性质，无论是否造成其他事件发生，这些概率分布是不变的。即使边缘事件和阶数相同，也会由于各种原因导致传递概率及故障演化过程连接的不同，所以故障演化过程是全变万化的。边缘事件是系统故障演化的基础，是相对不变的；连接结构和传递概率是故障演化过程的表现，是千变万化的。例如，很多事故的基本原因相同，但由于不同的演化过程和影响因素，导致最终事件的性质、发生概率及后果差别较大。因此，在故障演化过程中，当边缘事件确定后，应主要研究演化过程结构变化和传递概率变化。

下面根据多向环空间故障网络转化的空间故障树，给出 v_1 故障概率分布。将元件 x_1 作为事件 v_5 的对象，将元件 x_2 作为事件 v_6 的对象，由于故障演化过程较为复杂，涉及的传递概率较多，这里统一设置传递概率分别为 0.1、0.4、0.9。如果传递概率为 1，那么所得结果与图 4-7 相同。那么，一阶故障演化过程的 v_1 故障概率分布分别为 $1.900\ 0 \times 10^{-4}$、4.10×10^{-2}、7.217×10^{-1} 乘以图 4-7(a) 的分布；二阶故障演化的 v_1 故障概率分布分别为 $1.200\ 0 \times 10^{-8}$、1.2×10^{-3}、$1.205\ 3$ 乘以图 4-7(b) 的分布；三阶故障演化的 v_1 故障概率分布分别为 $1.000\ 0 \times 10^{-12}$、$1.677\ 7 \times 10^{-5}$、$0.282\ 4$ 乘以图 4-7(c) 的分布。考虑 3 种假设传递概率的 v_1 故障概率分布如图 4-8 所示。

经前文分析并结合空间故障树现有研究成果，图 4-8 给出了系统故障演化过程中以 v_1 作为空间故障网络最终事件以及转化为空间故障树后得到 v_1 事件发生概率分布。由图 4-8 可知，当传递概率较小时，低阶故障演化过程占总故障演化过程的主导地位，如图 4-8(a) 和图 4-8(b) 所示；当传递概率较大时，高阶故障演化过程占主导地位，如图 4-8(c) 所示。理论上，这两种情况的分界线为传递概率等于 0.5。当然，实际过程的传递概率可能很低，一般在 10^{-5} 左右。一般情况下，低阶故障演化过程是主要表现形式。

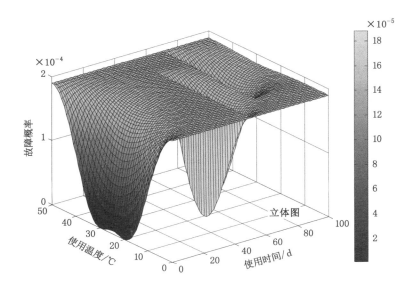

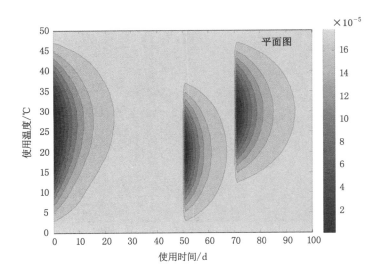

（a）传递概率为0.1时的故障概率分布

图 4-8　v_1 事件故障概率分布

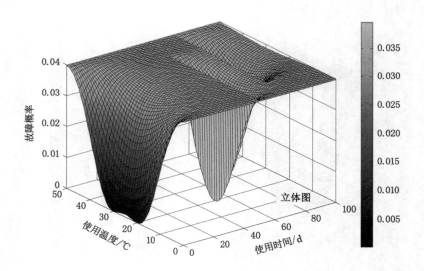

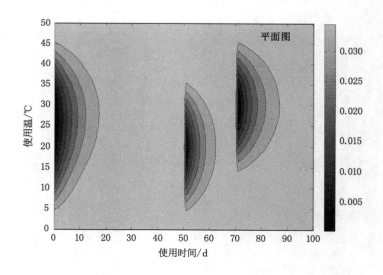

（b）传递概率为0.4时的故障概率分布

图 4-8 （续）

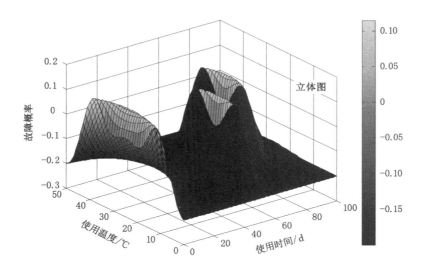

（c）传递概率为0.9时的故障概率分布

图 4-8　（续）

4.1.6 相关研究

（1）系统故障演化过程描述

在已有研究基础上，学者们继续对空间故障网络进行研究，进一步细化空间故障网络的组成，并且将空间故障网络基本要素确定为 4 项：对象、状态、连接和因素。首先解释基本要素的物理意义，并补充其定义，指出在研究系统故障演化过程中必须先确定 4 项基本要素。其次给出在空间故障网络框架内描述系统故障演化过程的两种方法（枚举法和实例法）及其优缺点。接着对三级往复式压缩机的第一级故障过程进行描述，并建立空间故障网络。最后分析过程中事件的对象及对象的状态，并根据故障叙述因果关系将事件进行连接，论述故障演化过程的机理。研究表明，故障演化过程可分为 4 个：总故障演化过程、目标故障演化过程、同阶故障演化过程、单元故障演化过程。其中，单元故障演化过程又可分为增量故障演化过程和减量故障演化过程。根据这些演化过程的意义，并结合上述演化过程，论述演化机理以及研究存在的不足。尽管空间故障网络基于空间故障树已有研究，但由于知识和技术的局限，研究仍然面临较多问题，如单向环结构的处理、因素对对象自身的故障概率分布、对象状态及传递概率的影响等。

（2）空间故障网络中的单向环

① 研究空间故障网络中单向环与空间故障树的转化机制及最终事件发生概率计算方法，给出空间故障网络中单向环的意义。相对已有文献，给出更为科学的单向环表示方法，认为环状结构是故障演化过程的叠加，每次循环都产生一定的最终事件发生概率，且每次循环的所有前期循环都是它的条件事件。这与各原因事件导致结果事件发生的"与、或"关系不同，是一种有序的发生并叠加的过程。定义环状结构及有序关系概念，并论述其物理意义。

② 研究 3 种基本环状结构的网络表示形式及符号意义，重构单向环与空间故障树转化方法，论述原方法的不足。为了满足转化需要，我们给出了另一种空间故障树形式。虽然该类空间故障树与原本的空间故障树在符号、逻辑关系等方面存在不同，但是可借鉴原有空间故障树的概念和方法，得到无关系结构、或关系结构、与关系结构转化为空间故障树的形式。为了保证转化后事件的逻辑关系，我们定义了同位符号（包括同位事件和同位连接），说明了它们的性质及作用。

③ 研究事件发生概率计算方法。根据转化后的空间故障树中事件的逻辑关系，得到 3 种形式环状结构中最终事件发生概率计算式，并给出研究的不足和今后研究的主要内容。

（3）全事件诱发的故障演化

① 研究全事件诱发的故障演化过程最终事件发生概率计算过程,论述全事件诱发的故障演化过程含义。全事件是指在故障演化过程中,除了最终事件外,边缘事件和过程事件都作为边缘事件,成为故障的发起者。全事件诱发的故障演化过程与一般故障演化过程,是针对故障发起对象而言的两种极限状态。前者故障发起者是边缘事件和过程事件的对象;后者只有边缘事件的对象。前者各参与事件导致最终事件发生是平行关系;后者是递进关系。使用一般故障演化过程和全事件诱发故障演化过程两种方法计算了最终事件发生概率,得到了发生概率的两种极端情况。最小值是一般情况计算得到的,最大值是全事件诱发计算得到的,所以任何可能的最终事件发生概率都在二者之间。

② 给出单一过程的最终事件发生概率计算式。在网络结构最终事件发生概率研究中,我们给出了计算步骤及过程,认为全事件诱发的故障演化过程的最终事件发生概率是边缘事件和过程事件作为边缘事件计算得到的最终事件发生概率的和,并给出了计算式和条件。由于边缘事件及数量、连接数量及各连接传递概率的不同,可对计算进行化简,主要考虑低阶且连接少的单元故障演化过程进行故障概率的求和计算。

(4) 事件重复性及时间特征

① 研究事件的重复性,并给出边缘事件重复性的定义。重复性包括两类:一是同一边缘事件在两条路径中,其中之一发生,则都发生,且性质相同;二是同类事件非同次发生或多个同类事件发生,虽然性质相同,但视为不同事件。由于这两类重复事件对最终事件发生概率的影响不同,所以计算方法也不同。

② 研究事件的时间性,即故障演化过程的时间特征。演化经历的时间特征用事件和传递的发生时刻和持续时间表示。通过研究各事件和传递连接的发生时刻及持续时间的重叠情况,进而得到不同"与,或"关系及两类重复事件情况下的最终事件发生概率计算方法。根据事件的重复性和时间性,给出防止最终事件发生的几类措施。

(5) 空间故障网络的结构化表示

空间故障网络的结构化主要研究演化过程中原因事件、结果事件、因果关系和影响因素的关系。但已有研究都是将 SFN 根据转化规则转化为 SFT,再使用 SFT 已有方法进行分析,然而 SFT 方法对 SFN 的网络结构缺乏较好的针对性。为此,学者们又提出了 SFN 的结构化表示方法(Ⅰ和Ⅱ),借助矩阵表示 SFN,这有利于计算机智能处理。在结构化表示方法中,需要解决多原因事件以不同逻辑关系导致结果事件的情况。因为演化过程中事件的逻辑关系较为复杂,所以并非只存在"与,或"关系,还存在其他逻辑关系。因此,借助何华灿教授提出的柔性逻辑处理模式,转化得到事件发生逻辑关系,最终得到演化过程分析式和演化过程计算式，为 SFN 的结构化表示和计算机智能处理奠定基础。主要进行工作如下：

① 提出一种基于因果结构矩阵的 SFN 结构化表示分析方法。该方法不同于以往 SFN 研究方法，比如 SFN 不用转化为 SFT，而是借助矩阵形式表示 SFN。因果结构矩阵表示的是 SFN 中所有原因事件和所有结果事件的关系。如果两个事件不存在因果关系，则矩阵对应位置为 0；如果存在因果关系，则为传递概率。基于建立的因果结构矩阵，以某一个边缘事件为起点，寻找该边缘事件可能导致的结果事件和最终事件，从而给出以不同网络结构（一般网络、多向环网络、单向环网络）和诱发方式（边缘事件、全事件）得到的不同最终事件结构表达式，并且通过简单实例说明了算法的计算过程和有效性。

② 结构化表示方法（Ⅱ）。

a. 论述 SFN 结构化表示方法Ⅰ的缺点。SFN 的结构化表示方法Ⅰ中，没有考虑多个原因事件以不同逻辑关系导致结果事件的情况，因而只能表示单纯的事件发生传递过程。但是，由于一般 SFEP 都是多原因引起的，所以需要进行事件间逻辑关系表示。

b. 在方法Ⅰ基础上提出结构化表示方法Ⅱ，并建立 CEREⅡ矩阵，这主要是在 CEREⅠ矩阵中添加了关系事件 RS。然而，RS 并不是真正的事件，而是根据原因事件导致结果事件的逻辑关系将原因事件分类。RS 的存在扩展了 CEREⅠ，并形成了 CEREⅡ。与此同时，CEREⅡ增加了原因事件及结果事件与关系事件的对应关系，从而能够描述多事件以不同逻辑关系导致结果事件的情况。RS 给出了 CEREⅡ的计算模型及最终事件演化过程分析式，包括一般网络、多向环网络和单向环网络，边缘事件和全事件诱发以及最终事件是否在循环中的多种情况。

c. 通过实例分析得到最终事件在循环中时的边缘事件诱发最终事件的过程分析式。由于最终事件在循环中，所以得到的分析式为递归式。

③ SFN 需要进行结构化表示和分析。在结构化分析中，需要处理原因事件以不同逻辑形式导致结果事件的情况，重点需要解决原因事件与结果事件的全部逻辑关系，以及使用事件故障概率分布表示这些逻辑关系的等效方法。主要工作是将柔性逻辑处理模式与事件发生逻辑关系进行等效转化。考虑到故障树经典"与，或"关系，设柔性逻辑处理模式中"与，或"关系与 SFEP 中"与，或"关系对应，从而推导出 20 种逻辑在 SFEP 中的表达方式。另外，通过实例说明了逻辑关系的使用和计算方法，为得到边缘事件与最终事件的演化过程分析式和演化过程计算式奠定逻辑基础，也为故障演化过程逻辑描述和 SFN 结构化方法的计算机智能处理奠定基础。

（7）空间故障网络的事件重要性分析

① 边缘事件结构重要度。

a. 根据经典故障树基本事件结构重要度含义,建立 SFN 中边缘事件的结构重要度概念和方法。根据边缘事件状态,可分为二态结构重要度和概率结构重要度;根据网络系统和各最终事件的研究对象不同,可进一步划分为边缘事件网络结构重要度和边缘事件最终事件结构重要度。

b. 二态结构重要度认为,边缘事件状态只有两种,即 0 和 1,且出现的概率相同为 1/2。通过一个边缘事件在 SFN 转化为 SFT 的层次图分析结构重要度,并给出计算方法。概率结构重要度认为,边缘事件概率的变化由多种因素影响,且状态转换概率也是变化的。因此,引入事件故障概率分布计算边缘事件结构重要度,得到结果也是由多因素构成的在多维度上的分布。

c. 通过实例研究 SFEP。将该过程表示为 SFN,进而转化为 SFT 分析边缘事件结构重要度,最终得到各边缘事件的 EENB、EETB、EENP 和 EETP。

d. 论述目前几种主要的网络结构分析方法、其优缺点及不适合表示和分析 SFEP 的原因。目前学者们对 SFN 展开了积极的研究,尽管各方面存在不足,但其结构特别适合研究 SFEP。

② 基于场论的事件重要性。

a. 论述场论中各参数与 SFN 参数的等效关系。两质点间距离 r 可等效为传递概率 tp 的倒数,传递概率越大说明距离越短。M 用来衡量质点规模,根据事件角色的不同,可用事件的入度和出度来衡量。

b. 提出基于角色的事件重要度相关概念和方法。为了从事件角色研究事件重要性,我们给出了一系列定义和方法,包括事件的入度、出度、入出度、传递概率、入度势、出度势、入出度势、综合入度势、综合出度势、综合入出度势及其对应的集合。综合入度势、综合出度势和综合入出度势是最终结果,应考虑连接的不同逻辑关系。

c. 通过实例验证算法的有效性。对简单的 SFEP 得到的 SFN 进行分析,得到所有事件分别作为原因事件、结果事件和二者兼备时的事件重要度排序。这些排序差别较大,可用来确定不同角色下各事件重要性,为 SFEP 的原因预防和结果预测提供基本方法。

（8）空间故障网络的故障模式分析

① 基于 SFN 的结构化表示方法和随机网络思想,研究 SFEP 中各种 FM 的发生次数和可能性,论述 SFEP 的定义和意义,给出 FM 的含义和分析意义。基于 SFN 结构化表示方法和随机网络思想,我们提出了确定 FM 发生可能性的方法及其分析步骤和解释。研究表明,将 SFN 表示为 CERE Ⅱ,并在确定传递

概率的情况下,可得到 SFEP 中各 FM 的发生可能性。这是一种相对简便易行的方法,为后继研究奠定了基础,同时发展了 SFN 的结构化研究理论。

② 根据系统科学对网络中节点重要性分析思想,配合 SFN 及其结构表示方法,提出 SFEP 中事件重要性分析方法。该方法可用 4 个指标衡量事件的重要性,包括致障率、复杂率、重要性和综合重要性。它们分别从故障模式数量变化、故障模式复杂性变化、故障模式数量占比和综合角度研究了抑制某事件对 SFEP 和故障模式的影响程度。实例分析表明,各事件致障率和复杂率排序变化较大;重要性与致障率排序相同,但意义和数值不同;综合重要性由于复杂率变化较小,与重要性排序相同。这些衡量指标可从不同侧面衡量 SFEP 中各事件对演化过程的影响,丰富了 SFN 事件重要性分析方法,也为后期基于系统思想进行进一步研究奠定了基础。

③ 提出一种基于 SFN 研究 SFEP 中故障发生潜在可能性的分析方法。该方法数据基础为系统运行过程中发生的事件及其逻辑关系建立了背景信息库。在此基础上使用 SFN 相关方法分析某种工况下已发生一些事件情况,可获得系统目标故障事件潜在发生可能性,建立分析方法,说明其步骤和概念。实例分析表明,在收集一定的事件发生实例后,可确定一些事件发生后系统发生各类故障的故障模式以及这些模式发生的潜在可能性。该方法使用关系数据库形式存储故障数据,适合计算机智能分析处理,可为故障数据的智能分析提供一种有效方法。

④ 研究最终事件故障概率分布。

a. 研究对象分为单元故障演化过程和"全事件诱发＋最终事件过程"两种。单元故障演化过程是从边缘事件出发到最终事件的过程,是最终事件故障概率分布的最小值。"全事件诱发＋最终事件过程"将边缘事件、过程事件和最终事件自身都作为最终事件发生的原因,由此得到的最终事件故障概率分布是最大值。

b. 分析方法分为比较形式方法和继承形式方法。比较形式方法同时考虑原因事件和传递概率,与结果事件概率的比较关系,确定最终事件故障概率分布。继承形式方法考虑原因事件和传递概率作为条件,确定结果事件概率,进而确定最终事件故障概率分布。

c. 故障概率分布处理方式分为最大值方法和平均值方法。最大值适合于 FM 中多个事件同时存在的情况;平均值法适合于多个事件之一存在的情况。

d. 总结单元故障演化过程和"全事件诱发＋最终事件过程"、比较法和继承法、最大值法和平均值法的使用特征,并得到的各种最终事件故障概率分布特征显著程度。

4.2　量子博弈的系统故障状态表示和故障过程分析

　　SFEP 是描述系统发生故障过程中一系列事件、逻辑关系和影响因素的方法。SFEP 具有网络拓扑结构,当结构固定后,系统故障状态的变化就取决于各事件的故障状态变化。SFEP 中所有事件的故障状态变化都源于最基本的边缘事件,没有任何事件导致它们发生。因此,如何描述这些边缘事件与系统故障的关系成为关键问题,本书提出通过 SFN 对 SFEP 进行描述。另一个问题是,当不知道边缘事件故障状态或发生概率情况下如何分析系统的故障状态和发生概率,这对 SFEP 的分析极其重要。显然,已有研究针对特定领域的效果很好,但缺乏系统层面的行之有效的分析方法,而且这些方法在不知道基本故障情况下难以分析系统故障情况和概率,更不能在考虑系统使用和操作者双方行为交织的条件下研究上述问题。

　　我们认为,上述问题可以在 SFN 基础上通过量子博弈理论研究解决。量子理论可在未知基本故障情况下分析系统故障情况和概率;博弈则可研究使用和操作者双方行为对系统的作用;SFN 则可以构建 SFEP 中事件之间的逻辑关系网络。因此,我们可以得到最终事件状态形式及发生概率的量子博弈表示形式。

4.2.1　基础理论与研究假设

　　研究设计的基础理论包括:量子力学、博弈理论、博弈演化、量子博弈理论和 SFN 等。

　　量子博弈是在希尔伯特空间 H 内完成的。量子力学概念包括量子状态、左失 $\langle \psi | = (i_1{}^*, i_2{}^*)$[①]、右失 $| \psi \rangle = (i_1, i_2)$、内积 $\langle \psi | \psi \rangle$、外积 $| \psi \psi \rangle$、矢量及矩阵张量等,基本概念参见量子力学理论相关论述。这里不再赘述。对于实际问题的量子化方案,主要有两种方法:因子分解法和密度矩阵法。这里使用前者。

　　SFN 可以将 SFEP 中的事件、逻辑关系和影响因素转化为拓扑结构中的节点和有向线段,利用 SFN 结构的特点化简 SFEP 并计算故障发生概率等。

　　在进行研究之前,我们先提出以下研究背景假设:

　　C:系统使用者,具体操作系统完成预定功能,并从中获利。

　　G:系统管理者,监管操作者的操作者行为,使系统保持安全状态,并从中

---

　　① $i_1{}^*$ 和 $i_2{}^*$ 分别是 i_1 和 i_2 额共轭复数。

获利。

S：G 和 C 的安全行为，G 按照管理制度全面监管 C 的操作；C 按照操作规程认真操作系统。

U：G 和 C 的不安全行为，G 不按照制度监管 C 或不监管；C 不按照规章操作系统或不操作系统。

I_1：对事件 e 的故障状态，G 采取 S 同时 C 采取 S 时最为理想，最能保持该事件安全状态，所获收益。

I_2：G 采取 U 同时 C 采取 S 时，虽然 G 不管理，但 C 仍然保持事件安全，却有所降低，所获收益。

I_3：G 采取 S 同时 C 采取 U 时，虽然 G 在管理状态，但 C 的行为本质上降低了安全状态，所获收益。

I_4：G 采取 U 同时 C 采取 U 时，这时 G 和 C 都不关心事件安全状态收益最低，所获收益。

4.2.2　单一事件状态的混合策略行为

针对单一事件 e、G 和 C 采取 S 和 U 行为的博弈状态，在希尔珀特空间 H 中可表示为：$|S\rangle=(1,0)^T$ 表示 G 和 C 采取安全行为，$|U\rangle=(0,1)^T$ 表示 G 和 C 采取不安全行为，G 和 C 共有 4 种初始状态 $|SS\rangle=|S\rangle\otimes|S\rangle$、$|SU\rangle=|S\rangle\otimes|U\rangle$、$|US\rangle=|U\rangle\otimes|S\rangle$、$|UU\rangle=|U\rangle\otimes|U\rangle$；$G$ 采取 S 的概率为 P_1，U 概率为 $1-P_1$；C 采取 S 的概率为 P_2，U 概率为 $1-P_2$。那么，单一事件 4 种混合策略的概率见表 4-1。

表 4-1　单一事件 4 种混合策略的概率

		C	
		S	U
G	S	A：$P_1 P_2$	B：$P_1(1-P_2)$
	U	C：$P_2(1-P_1)$	D：$(1-P_1)(1-P_2)$

鉴于此，设 e 的状态概率向量为 $P^e=(A^e,B^e,C^e,D^e)$，对应 e 的事件量子博弈状态（简称事件状态）如式（4-2）所列。

$$|\psi^e\rangle=\{|\psi_1^e\rangle,|\psi_2^e\rangle,|\psi_3^e\rangle,|\psi_4^e\rangle\}$$

$$=\{P^e|SS\rangle,P^e|SU\rangle,P^e|US\rangle,P^e|UU\rangle\}$$

$$| SS \rangle = | S \rangle \otimes | S \rangle = \begin{pmatrix} 1 \\ 0 \end{pmatrix} \otimes \begin{pmatrix} 1 \\ 0 \end{pmatrix} = \begin{bmatrix} 1 \\ 0 \\ 0 \\ 0 \end{bmatrix},$$

$$| SU \rangle = | S \rangle \otimes | U \rangle = \begin{pmatrix} 1 \\ 0 \end{pmatrix} \otimes \begin{pmatrix} 0 \\ 1 \end{pmatrix} = \begin{bmatrix} 0 \\ 1 \\ 0 \\ 0 \end{bmatrix},$$

$$| US \rangle = | U \rangle \otimes | S \rangle = \begin{pmatrix} 0 \\ 1 \end{pmatrix} \otimes \begin{pmatrix} 1 \\ 0 \end{pmatrix} = \begin{bmatrix} 0 \\ 0 \\ 1 \\ 0 \end{bmatrix},$$

$$| UU \rangle = | U \rangle \otimes | U \rangle = \begin{pmatrix} 0 \\ 1 \end{pmatrix} \otimes \begin{pmatrix} 0 \\ 1 \end{pmatrix} = \begin{bmatrix} 0 \\ 0 \\ 0 \\ 1 \end{bmatrix}$$

$$| \psi^e \rangle = \{ | \psi_1^e \rangle = A^e , | \psi_2^e \rangle = B^e , | \psi_3^e \rangle = C^e , | \psi_4^e \rangle = D^e \} \quad (4\text{-}2)$$

4.2.3　事件逻辑关系的量子博弈表示

下面研究 SFEP 中各事件之间的逻辑关系量子博弈表示。

SFEP 是由事件、事件间逻辑关系和影响因素共同作用产生的。事件包括边缘事件(导致 SFEP 的基本事件)、过程事件(SFEP 经历的中间事件)和最终事件(SFEP 最终的故障状态)。通过 SFN 描述 SFEP,前文确定的事件状态表示可用于边缘事件的量子博弈状态表示。

下面主要研究事件逻辑关系的量子博弈状态表示。在 SFN 中,事件间的逻辑关系有很多,主要包括"与""或""传递",也包括柔性逻辑的 20 种关系。这里主要讨论"与,或"关系的表示,因为"传递"关系是原因事件将事件状态直接传递给结果事件,而"与,或"关系涉及逻辑运算。

量子状态下 SFN 表示可用两种方式:一是由上至下的,先化简 SFN 网络,形成最终事件结构表达式 T,再通过各事件状态关系确定最终事件状态 $| \psi^T \rangle$。二是由下至上的逐层分析各层内事件状态逻辑关系,直到完成最终事件状态分析得到 $| \psi^T \rangle$。

方法一:对 SFN 利用系统结构化简方法[85]得到最终事件结构表达式 $T = \coprod \prod e$。该式是由多个边缘事件组成的多项式,每项中的边缘事件都是"与"关系。在确定两边缘事件 e_a 和 e_b 的与关系条件下，量子博弈状态叠加见表 4-2。

表 4-2 "与"关系条件下的量子博弈状态叠加

$\mid\psi^{a\cdot b}\rangle_{n-1}$	$\mid\psi^b\rangle_n$			
	$\mid\psi_1^b\rangle$	$\mid\psi_2^b\rangle$	$\mid\psi_3^b\rangle$	$\mid\psi_4^b\rangle$
$\mid\psi_1^a\rangle$	$\mid\psi_1^a\psi_1^b\rangle$	$\mid\psi_1^a\psi_2^b\rangle$	$\mid\psi_1^a\psi_3^b\rangle$	$\mid\psi_1^a\psi_4^b\rangle$
$\mid\psi^a\rangle_n$ $\mid\psi_2^a\rangle$	$\mid\psi_2^a\psi_1^b\rangle$	$\mid\psi_2^a\psi_2^b\rangle$	$\mid\psi_2^a\psi_3^b\rangle$	$\mid\psi_2^a\psi_4^b\rangle$
$\mid\psi_3^a\rangle$	$\mid\psi_3^a\psi_1^b\rangle$	$\mid\psi_3^a\psi_2^b\rangle$	$\mid\psi_3^a\psi_3^b\rangle$	$\mid\psi_3^a\psi_4^b\rangle$
$\mid\psi_4^a\rangle$	$\mid\psi_4^a\psi_1^b\rangle$	$\mid\psi_4^a\psi_2^b\rangle$	$\mid\psi_4^a\psi_3^b\rangle$	$\mid\psi_4^a\psi_4^b\rangle$

在表 4-2 中，n 表示 SFN 当前层，$n-1$ 表示上一层，$\mid\psi^a\rangle_n$ 和 $\mid\psi^b\rangle_n$ 分别表示 n 层中 e_a 和 e_b 的状态，$\mid\psi^{a\cdot b}\rangle_{n-1}$ 表示 $n-1$ 层中 e_a 和 e_b 与叠加后的量子博弈状态。因此，可根据 T、式(4-2)和表 4-2 得到最终事件状态 $\mid\psi^T\rangle$。

方法二：需要 SFN 结构，但不需要 T，同时需要两事件"与，或"关系的量子博弈状态叠加。"与"关系叠加已由表 4-2 给出，"或"关系叠加见表 4-3。

表 4-3 "或"关系条件下的量子博弈状态叠加

$\mid\psi^{a+b}\rangle_{n-1}$	$\mid\psi^b\rangle_n$			
	$\mid\psi_1^b\rangle$	$\mid\psi_2^b\rangle$	$\mid\psi_3^b\rangle$	$\mid\psi_4^b\rangle$
$\mid\psi_1^a\rangle$	$\mid\psi_1^a\rangle+\mid\psi_1^b\rangle-\mid\psi_1^a\psi_1^b\rangle$	$\mid\psi_1^a\rangle+\mid\psi_2^b\rangle-\mid\psi_1^a\psi_2^b\rangle$	$\mid\psi_1^a\rangle+\mid\psi_3^b\rangle-\mid\psi_1^a\psi_3^b\rangle$	$\mid\psi_1^a\rangle+\mid\psi_4^b\rangle-\mid\psi_1^a\psi_4^b\rangle$
$\mid\psi^a\rangle_n$ $\mid\psi_2^a\rangle$	$\mid\psi_2^a\rangle+\mid\psi_1^b\rangle-\mid\psi_2^a\psi_1^b\rangle$	$\mid\psi_2^a\rangle+\mid\psi_2^b\rangle-\mid\psi_2^a\psi_2^b\rangle$	$\mid\psi_2^a\rangle+\mid\psi_3^b\rangle-\mid\psi_2^a\psi_3^b\rangle$	$\mid\psi_2^a\rangle+\mid\psi_4^b\rangle-\mid\psi_2^a\psi_4^b\rangle$
$\mid\psi_3^a\rangle$	$\mid\psi_3^a\rangle+\mid\psi_1^b\rangle-\mid\psi_3^a\psi_1^b\rangle$	$\mid\psi_3^a\rangle+\mid\psi_2^b\rangle-\mid\psi_3^a\psi_2^b\rangle$	$\mid\psi_3^a\rangle+\mid\psi_3^b\rangle-\mid\psi_3^a\psi_3^b\rangle$	$\mid\psi_3^a\rangle+\mid\psi_4^b\rangle-\mid\psi_3^a\psi_4^b\rangle$
$\mid\psi_4^a\rangle$	$\mid\psi_4^a\rangle+\mid\psi_1^b\rangle-\mid\psi_4^a\psi_1^b\rangle$	$\mid\psi_4^a\rangle+\mid\psi_2^b\rangle-\mid\psi_4^a\psi_2^b\rangle$	$\mid\psi_4^a\rangle+\mid\psi_3^b\rangle-\mid\psi_4^a\psi_3^b\rangle$	$\mid\psi_4^a\rangle+\mid\psi_4^b\rangle-\mid\psi_4^a\psi_4^b\rangle$

因此，可根据 T、式(4-2)、表 4-2 和表 4-3 得到最终事件状态 $\mid\psi^T\rangle$。两种方法的特点在于：方法一首先从总体出发对 SFN 进行化简，然后只需处理与关系即得到最终事件状态；方法二从局部开始，本层事件状态叠加生成上层事件状态，直至达到最终事件状态。

当然，每个事件状态都有 4 种（1×4 矩阵），两事件叠加为 16 种（4×4 矩阵），三事件叠加为 64 种（16×4 矩阵）。因此，最终事件状态数量与 SFN 的结构无关，只与边缘事件数量有关。另外，最终事件各状态发生概率与多种因素相关，包括各事件的 P_1 和 P_2、事件传递概率 tp、SFN 结构 T 等。因此，总体上最终事件状态确定过程是一个向量和矩阵的张量叠加过程，最终形成一个较大规模的矩阵 $\mid\psi^T\rangle$（最终事件状态用矩阵形式表示）。该矩阵中只有 P_1^e 和 P_2^e（$e=$

$1,\cdots,E$，其中 E 为边缘事件数量），及传递概率（如果考虑传递概率 tp），但矩阵结构与 T 相关，因而 $|\psi^T\rangle = |\psi^T\rangle(P_1^e, P_2^e, tp, T)$。另外，根据 T 计算 $|\psi^T\rangle$ 时需要将各项扩充到最大矩阵（项数最多）规模。保持各矩阵列规模不变为 4，增加行规模，每增加一个事件行数乘 4。最终，$|\psi^T\rangle$ 中所有项的矩阵规模相同再进行计算，详见实例说明。

4.2.4　最终事件状态概率确定

由于 $|\psi^T\rangle = |\psi^T\rangle(P_1^e, P_2^e, tp, T)$，$tp$ 和 T 在 SFN 的研究中已确定，这里进一步确定 P_1^e 和 P_2^e 的具体值。最终事件状态是一个包含 P_1^e 和 P_2^e 的大规模矩阵 $|\psi^T\rangle$，共含有 4^E 个元素。因此要确定这些元素代表的最终事件所有状态的发生概率首先要确定 P_1^e 和 P_2^e，即 G 和 C 采取 S 行为的概率。

P_1^e 和 P_2^e 是通过量子博弈过程中各方预期收益确定的。使用量子博弈确定单一事件状态中双方行为概率，作者已提出了单一事件故障状态的量子博弈模型，这里不做赘述，下面只给出必要过程。根据 4.2.1 小节假设，G 和 C 采取不同行为所得收益（$I_1 > I_2 > I_3 > I_4$），如表 4-4 所列。

表 4-4　管理者和操作者的收益

	管理者 G	操作者 C
管理者 G	I_1, I_1	I_3, I_2
操作者 C	I_2, I_3	I_4, I_4

根据表 4-4 对 e 的 G 和 C 的静态博弈收益 I_G 和 I_C，如式（4-3）所列。

$$\begin{cases} I_G = P_1 P_2(I_1 - I_4 - I_2 + I_3) + P_1(I_4 - I_3) + P_2(I_2 - I_3) + I_3 \\ I_C = P_1 P_2(I_1 - I_4 - I_2 + I_3) + P_1(I_2 - I_3) + P_2(I_4 - I_3) + I_3 \end{cases} \tag{4-3}$$

对式（4-3）求导，得到实施混合策略后 G 和 C 的期望收益，并设为 0 解，我们得到 P_1 和 P_2，如式（4-4）所列。

$$\begin{cases} \dfrac{\partial I_G}{\partial P_1} = \dfrac{\partial(P_1 P_2(I_1 - I_4 - I_2 + I_3) + P_1(I_4 - I_3) + P_2(I_2 - I_3) + I_3)}{\partial P_1} = 0 \\[3mm] \dfrac{\partial I_C}{\partial P_2} = \dfrac{\partial(P_1 P_2(I_1 - I_4 - I_2 + I_3) + P_1(I_2 - I_3) + P_2(I_4 - I_3) + I_3)}{\partial P_2} = 0 \end{cases}$$

$$\Rightarrow \begin{cases} P_1 = P_2 = \dfrac{I_3 - I_4}{I_1 - I_4 - I_2 + I_3} \\[3mm] 1 - P_1 = 1 - P_2 = \dfrac{I_1 - I_2}{I_1 - I_4 - I_2 + I_3} \end{cases} \tag{4-4}$$

当然还有解：$P_1 = 1, P_2 = 1$、$P_1 = 1, P_2 = 0$、$P_1 = 0, P_2 = 1$、$P_1 = 0$，

$P_2 = 0$。这些解都不是混合策略,这里不做介绍。式(4-4)的解对该混合策略是纳什均衡但非博弈演化稳定,可用于 SFN 中事件逻辑关系的量子博弈状态定量计算,得到各事件状态概率 P_1^e 和 P_2^e 及最终事件状态概率。将各边缘事件按照式(4-4)形式确定各收益,然后代入 $|\psi^T\rangle$ 即可得到最终事件全部状态的发生概率,即 $|\psi^T\rangle = |\psi^T\rangle(I_{1\sim4}^e, tp, T)$。

4.2.5 实例分析

由于最终事件状态矩阵 $|\psi^T\rangle$ 中元素以 4^E 增加,因此使用简单的 3 边缘事件 SFN 进行分析,$|\psi^T\rangle$ 元素为 64 个。SFN 结构如图 4-9 所示。

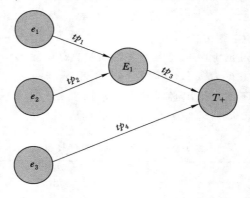

图 4.2-1 实例 SFN

在图 4-9 中,$e_1 \sim e_3$ 是边缘事件,E_1 是过程事件,T 是最终事件,$tp_1 \sim tp_4$ 是传递概率。设 $p_{1\sim3}$ 是边缘事件的发生概率。对图 4-9 的 SFN 化简,最终事件结构表达式为 $T = e_3 + e_1 e_2$,考虑传递概率 tp 时,最终事件概率计算式为 $T = tp_4 p_3 + tp_1 tp_2 tp_3 p_1 p_2 - tp_1 tp_2 tp_3 tp_4 p_1 p_2 p_3$;当不考虑传递概率时,$T = p_3 + p_1 p_2 - p_1 p_2 p_3$。传递概率在 $[0,1]$ 之间,这里省略不参与后继分析。

p_1、p_2、p_3 是分别是事件 e_1、e_2、e_3 的状态发生概率,边缘事件状态 $|\psi^{1\sim3}\rangle = \{|\psi_1^{1\sim3}\rangle, |\psi_2^{1\sim3}\rangle, |\psi_3^{1\sim3}\rangle, |\psi_4^{1\sim3}\rangle\}$。

p_1、p_2 是事件 e_1、e_2 的状态发生概率"与"叠加后的事件状态发生概率,根据表 4-2 得到式(4-5)。

$$|\psi^{1\cdot2}\rangle = \begin{vmatrix} |\psi_1^1\psi_1^2\rangle & |\psi_1^1\psi_2^2\rangle & |\psi_1^1\psi_3^2\rangle & |\psi_1^1\psi_4^2\rangle \\ |\psi_2^1\psi_1^2\rangle & |\psi_2^1\psi_2^2\rangle & |\psi_2^1\psi_3^2\rangle & |\psi_2^1\psi_4^2\rangle \\ |\psi_3^1\psi_1^2\rangle & |\psi_3^1\psi_2^2\rangle & |\psi_3^1\psi_3^2\rangle & |\psi_3^1\psi_4^2\rangle \\ |\psi_4^1\psi_1^2\rangle & |\psi_4^1\psi_2^2\rangle & |\psi_4^1\psi_3^2\rangle & |\psi_4^1\psi_4^2\rangle \end{vmatrix} \qquad (4-5)$$

p_1、p_2、p_3 是事件 e_1、e_2、e_3 的状态发生概率与叠加后的事件状态发生概率，$\mid \psi^{1\cdot2\cdot3} \rangle = \mid \psi^{1\cdot2} \rangle \otimes \mid \psi^3 \rangle$，是 16×4 的张量矩阵，过于繁杂这里不展开，那么 $\mid \psi^T \rangle = \mid \psi^T \rangle (P_1^e, P_2^e, tp, T) = \mid \psi^3 \rangle + \mid \psi^{1\cdot2} \rangle - \mid \psi^{1\sim3} \rangle$（不考虑 tp）。根据 T 的形式扩充 $\mid \psi^3 \rangle$ 和 $\mid \psi^{1\cdot2} \rangle$ 达到与 $\mid \psi^{1\sim3} \rangle$ 规模相同。$\mid \psi^3 \rangle$ 矩阵列不变，行复制 15 次形成 16×4 的矩阵；$\mid \psi^{1\cdot2} \rangle$ 列不变，行复制 3 次形成 16×4 的矩阵。64 个元素太多，这里不再展开，使用 $\mid \psi^T \rangle$ 的第一行第一列结果继续计算发生概率。$\mid \psi^T \rangle (1,1)$ 表示对于 SFEP 中的所有事件，G 和 C 都采取 S 行为后最终事件状态的发生概率，如式（4-6）所列。

$$\mid \psi^T \rangle (1,1) = \mid \psi_1^3 \rangle + \mid \psi_1^1 \psi_1^2 \rangle - \mid \psi_1^1 \psi_1^2 \psi_1^3 \rangle$$

$$= A^3 + A^1 A^2 - A^1 A^2 A^3$$

$$= P_1^3 P_2^3 + P_1^1 P_2^1 P_1^2 P_2^2 - P_1^1 P_1^1 P_1^2 P_2^2 P_1^3 P_2^3$$

$$P_1^e = P_2^e = \frac{I_3^{\,e} - I_4^{\,e}}{I_1^{\,e} - I_4^{\,e} - I_2^{\,e} + I_3^{\,e}}$$

$$\mid \psi^T \rangle (1,1) = \left(\frac{I_3^{\,1} - I_4^{\,1}}{I_1^{\,1} - I_4^{\,1} - I_2^{\,1} + I_3^{\,1}} \right)^2 \times \left(\frac{I_3^{\,2} - I_4^{\,2}}{I_1^{\,2} - I_4^{\,2} - I_2^{\,2} + I_3^{\,2}} \right)^2 \times$$

$$\left(\frac{I_3^{\,3} - I_4^{\,3}}{I_1^{\,3} - I_4^{\,3} - I_2^{\,3} + I_3^{\,3}} \right)^2 \tag{4-6}$$

同理，可求得 $\mid \psi^T \rangle$ 中所有元素的值，即 SFEP 的最终事件所有状态及其发生概率。

上述方法是使用 SFN 描述 SFEP 的，得到 T 的结构表达式，其中只包含有边缘事件。G 和 C 对边缘事件采取 S 和 U 行为构成的量子博弈状态是精确的，得到的最终事件全部状态，即矩阵 $\mid \psi^T \rangle = \mid \psi^T \rangle (P_1^e, P_2^e, tp, T)$ 是精确的。另外，通过 G 和 C 采取不同 S 和 U 行为得到的收益 $I_{1\sim4}$ 是不精确的，目前只能估算得到大小关系。因此，通过 $I_1 \sim I_4$ 得到的 P_1^e、P_2^e 是不精确的，导致最终事件状态发生概率是不精确的，只有粗略的判断意义。同时，式（4-6）没有考虑传递概率，如果考虑则变为 $\mid \psi^T \rangle (1,1) = tp_4 \mid \psi_1^3 \rangle + tp_1 tp_2 tp_3 \mid \psi_1^1 \psi_1^2 \rangle - tp_1 tp_2 tp_3 tp_4 \mid \psi_1^1 \psi_1^2 \psi_1^3 \rangle$，代入具体 tp 数值即可计算。最后，由于博弈特点，P_1^e、P_2^e 是根据 G 和 C 的收益均衡为目的计算的，因而最终事件状态的概率也是各种混合策略下双方收益均衡的结果。

虽然存在上述问题，但是该方法可分析 SFEP 中各事件在量子博弈状态下系统最终故障可能出现的形式及其大体概率。这是应用量子博弈研究 SFEP 的重要部分，从而了解和判断 SFEP 最终系统故障状态的形式和发生概率，为扩展安全科学基础理论及 SFEP 的量子博弈表示奠定基础。

4.2.6　其他研究

（1）系统故障预防成本模型研究

① 基于不平衡报价模型和空间故障网络，提出系统故障预防成本模型，论述不平衡报价模型和空间故障网络结合的可行性。

② 将不平衡报价模型用于系统故障预防措施成本分析时，首先要了解 SFEP 中存在的各种故障发展过程、起因及逻辑关系。SFN 可分析 SFEP 中各事件之间的逻辑关系，因而可在 SFEP 的 SFN 基础上应用不平衡报价模型建立系统故障预防成本模型。

③ 构建系统故障预防成本模型，并给出迭代形式表示 SFN 不同层次中各事件的预防成本合成逻辑关系和系统故障预防成本的优化形式。实施步骤包括：确定系统故障演化过程；建立空间故障网络；得到系统整体故障预防成本表达式；确定系统故障预防措施成本模型参数；参数代入并化简；得到系统故障预防成本的优化形式并通过 MATLAB 确定最值。

（2）单一事件故障状态量子博弈模型

① 研究 SFEP 中一个事件故障状态的量子博弈模型，并设定影响单一事件故障状态的参与者（管理者和操作者）及它们采取的行为（安全行为和不安全行为）。一般情况下，对于事件故障状态而言，参与者收益为非对称博弈。

② 将参与者行为对事件故障状态的影响转化为量子博弈过程。该模型使用因子分解法确定初始状态，得到了在博弈过程中的管理者和操作者的混合策略期望收益。管理者采取安全行为且操作者采取不安全行为时，对双方收益的影响最大；操作者选择安全行为的概率越大，对管理者越有利；管理者选择安全行为的概率越大，对操作者越有利。

③ 确定管理者和操作者的策略概率。对得到的管理者和操作者期望收益求偏导，得到双方采取安全和不安全行为的概率，最终得到双方采取混合策略时它们的期望收益。该混合策略是纳什均衡非博弈演化稳定，但这不影响单一事件故障状态量子博弈模型应用于基于 SFN 的系统故障状态量子博弈分析。

（3）事件故障状态的量子纠缠态博弈研究

① 研究在 SFEP 中单一事件的量子纠缠态博弈表示方法，并最终得到参与者收益均衡时实施安全及不安全行为的概率。

② 研究单一事件故障状态与量子纠缠态的关系。我们认为 G 和 C 在没有信息联系时自主采取策略对事件施加 S 或 U 行为，是量子非纠缠态博弈。G 和 C 在有信息联系时对应采取策略对事件施加 S 或 U 行为，是量子纠缠态博弈。研究表明，使用量子博弈的密度矩阵可表示事件故障状态。

③ 考虑到参与者、行为和实施概率,初始状态密度矩阵有 8 种,其中 6 种为非纠缠态,2 种为纠缠态。针对后两种情况,可建立一次博弈后的事件故障状态量子博弈密度矩阵。

④ 研究参与者的量子收益,并确定参与者实施行为的概率。收益与 I_1、I_2、I_3、I_4,采取 S 行为的概率 P_1 和 P_2,以及纠缠状态参数 n 和 m 有关;行为概率受到行为后收益 I_1、I_2、I_3、I_4 的限制,以及 G 和 C 行为选择时的纠缠态限制。管理者和操作者都会通过一些渠道了解对方的行为策略,当达到两者收益均衡时,即可确定二者采取各种行为的概率。

(4)事件故障状态量子博弈过程

① 研究事件故障状态量子博弈的参与者收益问题以及事件故障状态与量子博弈的关系。影响关系的因素包括管理者和操作者采取安全和不安全行为对量子博弈的影响,以及安全产出系数、安全收益分配系数、安全措施成本系数对收益函数的影响。

② 讨论参与者双方采取不同行为收益的变化情况以及纠缠与非纠缠态的参与者收益。纠缠表示管理者和操作者之间存在信息联系。

③ 研究初始状态为安全状态下的博弈过程,确定管理者和操作者在纠缠和非纠缠态的收益函数,这些函数受到因素 β、φ_G、φ_C、γ、θ_G、θ_C 的影响。

④ 研究参与者收益受到各因素影响的特征。使用 SFT 的方法进行研究,提出针对收益的因素重要度、因素联合重要度、收益风险区和安全区、因素区域重要度。理论上,SFT 的思想和方法都可用于量子博弈参与者收益问题的分析,进一步论述了使用因素空间理论解决问题的可能性。

4.3 集对分析和空间故障网络的故障模式识别与特征分析

系统故障的感知、分析、识别和预防是安全科学领域的重要工作。已得到的系统故障模式由于对其了解,可作为制定预防和治理措施的基础,这类似于应急预案和事故处理程序的编制。在已知系统故障的前提下制定有针对性的措施,由于认知和技术限制,只能对已发现的主要问题制定预防和治理措施。将有限的系统故障作为故障标准模式,并且将新出现的故障样本模式与其对比,进而识别故障样本模式,只有这样才能在有限措施情况下应对众多系统故障情况。那么,如何对系统故障进行模式识别就成为研究的关键问题。

关于系统故障识别的研究较多,这些研究在各自领域都有良好的效果,但在另一些领域缺乏通用性。研究系统故障识别需要面对一些问题,具体包括:系统故障标准模式的建立;故障样本模式的采集;标准模式与样本模式的关系表达;模式识别的确定性和不确定性;多因素影响故障模式的表示等都成为故障模式识别必须解决的问题。因此,本书将集对分析的联系数与空间故障树的特征函数相结合对系统故障模式进行识别。前者表示识别的确定性与不确定性,后者表示多因素影响和故障数据统计,最终完成系统故障样本模式识别。

4.3.1   联系数与特征函数

联系数是集对分析理论的核心,集对分析是由我国数学家赵克勤教授在1989 年提出的,是一种通过联系数学解决事物间确定性和不确定性问题的理论方法。联系数可表示为 $\mu = a + bi$ 的二元联系数形式,其中 a 和 b 分别表示联系的确定性和不确定性,即确定性分量和不确定性分量,i 为不确定性取值系数。三元联系数可表示为 $\mu = a + bi + cj$,其中 a、b 和 c 分别表示同异反分量,因而三元联系数表示同异反关系。另外,多元联系数的同分量和反分量不变,而对异分量进行更高阶的拆分。例如,在进行系统安全评价时,安全与不安全代表同和反,而它们之间的较安全、一般安全、较不安全等分类就是对异分量的拆分,这可形成一个五元联系数。

故障标准模式与故障样本模式之间的联系度可通过联系数表示。如果使用三元联系数表示,则需要确定 a、b、c、i 和 j 的具体数值。比较两种模式在不同因素影响情况下的相同性、相异性和相反性,最直接的方法是将两种模式转化成函数,以对应变量的函数值差的形式表征两者关系。值差较小时为同,值差较大时为反,中间过渡为异。

为确定不同因素变化时导致系统故障发生的变化关系,作者提出的空间故障树的特征函数可表示这种变化。原特征函数用于表示影响系统故障的因素变化与系统故障概率变化的关系。其基本思想是拟合函数,并且发展了一些构造方法,如拟合法、因素投影拟合法、模糊结构元、云模型等方法。同样,将系统故障概率改为单位时间内系统故障次数,建立关于因素变化与故障次数变化关系的特征函数,就可以得到代表故障标准模式的特征函数和故障样本模式的特征函数。对这两个函数进行同异反关系分析,即可得到联系数中各参数的具体数值,计算后得到联系度。对不同因素进行上述分析,可以得到各因素影响下的识别度。最终,识别故障样本模式与故障标准模式的隶属程度,完成故障样本识别。

由此可见,使用集对分析联系数可表示识别的确定性和不确定性;使用空间故障树的特征函数可计算多因素影响下联系度的各参数;各因素影响下的联系度可最终确定识别度。研究表明,两种理论的结合是可行且合理的。

4.3.2　故障模式识别方法

故障模式识别是基于集对分析联系数和空间故障树特征函数实现的。同时,需要考虑的因素如下:已有的系统故障标准模式、新出现的系统故障样本模式、影响系统故障的因素、对应因素的具体数值、因素导致系统故障的权重。设故障模式识别系统如式(4-7)所列。

$$
\begin{cases}
T = \{R_S, R, F, X, W\} \\
R_S = \{r_{S_1}, r_{S_2}, \cdots, r_{S_M}\}, m = 1, \cdots, M \\
R = \{r_1, r_2, \cdots, r_N\}, n = 1, \cdots, N \\
F = \{f_1, f_2, \cdots, f_Q\}, q = 1, \cdots, Q \\
X = \{x_1, x_2, \cdots, x_Q\} \\
W = \{w_1, w_2, \cdots, w_Q\}
\end{cases}
\tag{4-7}
$$

式中,R_S 为故障标准模式集合,M 为标准模式数量;R 为故障样本模式集合,N 为样本模式数量;F 为因素集合,Q 为因素数量;X 为因素值集合;W 为因素的权重集合。

从问题分析的过程给出故障模式识别方法。

步骤 1:分析故障样本模式 r_n 与故障标准模式 r_{S_m} 的关系(联系数表示的联系度)。在因素 f_q 对 r_n 与 r_{S_m} 的影响下,确定 r_n 与 r_{S_m} 的关系,即联系度 $\mu_{f_q}(r_n \to r_{S_m})$,用集对分析的联系数表示,如式(4-8)所列。

$$
\begin{cases}
\mu_{f_q}(r_n \to r_{S_m}) = a + bi + cj \\
a = \dfrac{N_a}{N_a + N_b + N_c}, b = \dfrac{N_b}{N_a + N_b + N_c}, c = \dfrac{N_c}{N_a + N_b + N_c} \\
a + b + c = 1, i = \dfrac{a - c}{a + b + c}, j = -1
\end{cases}
\tag{4-8}
$$

式(4-8)为联系度的确定方法,通过联系数具体获得。联系度越大,表明 r_n 与 r_{S_m} 的变化关系越一致。其中,a 表示二者相同的比例(同分量),b 表示相异的比例(异分量),c 表示相反的比例(反分量)。另外,根据对联系数的定义,a 和 c 是确定的,b 是不确定的,以及 r_n 与 r_{S_m} 之间识别的确定性与不确定性关系。其中,i 和 j 采用相似比法确定具体数值。

步骤 2:确定式(4-8)中 N_a、N_b 和 N_c 的具体值。考虑单因素 f_q 对 r_n 与 r_{S_m} 影响,即随着 f_q 变化,r_n 与 r_{S_m} 变化规律的一致性分析。如果其余因素不变,f_q 变化,且 r_n 与 r_{S_m} 变化曲线重合,那么得到的 N_a 值为全部采样点数量,N_b 和 N_c 为 0,进而得到 a 为 1,b 和 c 为 0。这说明,r_n 与 r_{S_m} 是相同且确定的。

确定 N_a、N_b 和 N_c 必须先确定 r_n 与 r_{S_m} 在 f_q 变化时的变化关系，即两函数的一致性。这里使用空间故障树的特征函数确定，分别用 $P^{r_{S_m}}(x_q)$ 和 $P^{r_n}(x_q)$ 表示，而用 $p^{r_{S_m}}(x_q)$ 和 $p^{r_n}(x_q)$ 分别表示 $P^{r_{S_m}}(x_q)$ 和 $P^{r_n}(x_q)$ 在某采样点的具体值。f_q 在不同数值 x_q 的变化过程中，确定 $p^{r_{S_m}}(x_q)$ 与 $p^{r_n}(x_q)$ 的差值与 $p^{r_{S_m}}(x_q)$ 的比例，在 $[0,30\%]$ 时为同状态，N_a 计数加 1；在 $(30\%,70\%]$ 时为异状态，N_b 计数加 1；在 $(70\%,+\infty)$ 时为反状态，N_c 计数加 1。因此，N_a、N_b 和 N_c 的确定如式（4-9）所列。

$$[N_a,N_b,N_c] = \begin{cases} N_a = N_a + 1, & \dfrac{|p^{r_{S_m}}(x_q) - p^{r_n}(x_q)|}{p^{r_{S_m}}(x_q)} \in [0,30\%] \\[3mm] N_b = N_b + 1, & \dfrac{|p^{r_{S_m}}(x_q) - p^{r_n}(x_q)|}{p^{r_{S_m}}(x_q)} \in (30\%,70\%] \\[3mm] N_c = N_c + 1, & \dfrac{|p^{r_{S_m}}(x_q) - p^{r_n}(x_q)|}{p^{r_{S_m}}(x_q)} \in (70\%,\infty] \end{cases}$$

$$(4-9)$$

步骤 3：确定特征函数。下面说明特征函数 $P^{r_{S_m}}(x_q)$ 和 $P^{r_n}(x_q)$ 的作用和确定方法。现场和试验得到的故障发生与因素变化的数据可能是离散的，具有冗余性、遗漏，甚至错误。因此，这些数据不能用于式（4-9）的计算，需进行处理形成函数关系，进而两个函数在对应因素的变化位置才可得到准确数值，用于式（4-9）计算。关于因素与故障关系的确定使用特征函数，其构建方法很多，如拟合、因素投影拟合、模糊结构元或云模型等，请参见相关文献。

步骤 4：确定联系度 $\mu_{f_q}(r_n \to r_{S_m})$。确定 N_a、N_b 和 N_c 即可确定式（3）中 a、b 和 c，从而确定 $\mu_{f_q}(r_n \to r_{S_m})$，可同理分析 f_{1-Q} 的联系度 $\mu_{f_{1-Q}}(r_n \to r_{S_m})$。

步骤 5：确定因素权重。因素 $F = \{f_1, f_2, \cdots, f_Q\}$ 的权重 $W = \{w_1, w_2, \cdots, w_Q\}$ 可采用专家法或熵权法等确定，这里不做详述。

步骤 6：确定识别度 $S_F(r_n \to r_{S_m})$。确定 f_q 影响下 r_n 与 r_{S_m} 的识别度，需要权重 W 和 $\mu_{f_{1-Q}}(r_n \to r_{S_m})$，那么识别度如式（4-10）所列。

$$S_F(r_n \to r_{S_m}) = \begin{bmatrix} w_1 & w_2 & \cdots & w_Q \end{bmatrix}^{\mathrm{T}} \times$$
$$\begin{bmatrix} \mu_{f_1}(r_n \to r_{S_m}) & \mu_{f_2}(r_n \to r_{S_m}) & \cdots & \mu_{f_Q}(r_n \to r_{S_m}) \end{bmatrix}$$

$$(4-10)$$

通过式（4-10）即可得到在因素 F 组成的故障空间中，各故障标准模式 $r_{S_{1 \sim M}}$ 和各故障样本模式 $r_{1 \sim N}$ 的各识别度。

步骤 7：确定故障样本模式 r_n 对故障标准模式 $r_{S_{1 \sim M}}$ 的隶属关系，如式（4-11）所列。

$$[n,m] = \{(n,m) \mid \mathrm{Max}\{S_F(r_n \to r_{S_1}), S_F(r_n \to r_{S_2}), \cdots,$$

$$S_F(r_n \rightarrow r_{S_M})\}, m \in [1, M]\}) \tag{4-11}$$

由式(4-11)可得 $r_{1 \sim N}$ 的隶属关系,从而达到多因素影响下系统故障样本模式的识别目的。

上述步骤是分析步骤,计算步骤为:步骤 3→步骤 2→步骤 1→步骤 4→步骤 5→步骤 6→步骤 7。

4.3.3　实例分析

关于接续空间故障树理论的研究,这里给出一个简单电气系统实例。设影响该系统故障的主要因素 $F = \{f_1 = 温度, f_2 = 湿度, f_3 = 气压\}$;系统运行环境: $x_1 \in [0, 30]℃$,取样间隔为 1 ℃, $x_2 \in [80\%, 95\%]$,取样间隔为 1%, $x_3 \in [1.05, 1.35]$MPa,取样间隔为 0.015 MPa;故障标准模式集合 $R_S = \{r_{S_1}, r_{S_2}\}$;故障样本模式集合 $R = \{r_1, r_2, r_3\}$。由专家直接确定各因素的权重 $W = \{w_1 = 0.45, w_2 = 0.29, w_2 = 0.26\}$。识别 R 中样本模式与 R_S 中标准模式的归属关系,详细给出 r_1 与 R_S 的识别过程,其余略。

（1）确定特征函数

确定三个因素分别作用下 r_1 与 r_{S_1} 的特征函数,以因素值为变量,系统故障次数为函数值构建特征函数,如式(4-12)所列。

$$
\begin{cases}
P^{r_{S_1}}(x_1) = ((x_1 - 4.9)^2 - 5.03 \times (x_1 - 5))/10.1 + 9.81 \\
P^{r_1}(x_1) = (9.91x_1 + 6.78\sqrt{x_1})/9.3 + 10.2 \\
P^{r_{S_1}}(x_2) = 1.1x_2 - 80.25 \\
P^{r_1}(x_2) = 1.25x_2 - 96.1 \\
P^{r_{S_1}}(x_3) = 9.8x_3^{2.5} - 7.9 \\
P^{r_1}(x_3) = 10.1x_3^{1.2} - 5.2
\end{cases} \tag{4-12}
$$

根据 f_1、f_2 和 f_3 的值域 x_1、x_2 和 x_3 及其取样频率,分别绘制 3 个因素对于 r_1 与 r_{S_1} 的特征函数离散值,每 1 万小时故障数量单位为次。特征函数是由原数据拟合得到的,由于特征函数不是研究的关键,因而拟合精度不高。

（2）确定 N_a、N_b 和 N_c 的具体值

根据式(4-9)及图 4-10(a)得到 $N_a = 11$、$N_b = 7$、$N_c = 13$;图 4-10(b)得到 $N_a = 12$、$N_b = 4$、$N_c = 0$;图 4-10(c)得到 $N_a = 17$、$N_b = 3$、$N_c = 1$。

（3）确定故障样本模式 r_1 与故障标准模式 r_{S_1} 的联系度

根据式(4-8)得到式(4-13),即:

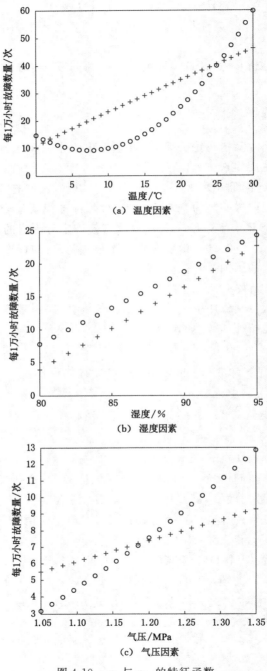

（a）温度因素

（b）湿度因素

（c）气压因素

图 4-10 r_1 与 r_{S_1} 的特征函数

$$\begin{cases} f_1 : r_1 \rightarrow r_{S_1}, N_a + N_b + N_c = 31, a = 11/31 = 0.35, b = 7/31 = 0.23, \\ c = 13/31 = 0.42, i = -0.07, j = -1 \\ \mu_{f_1}(r_1 \rightarrow r_{S_1}) = 0.35 + 0.23 \times (-0.07) + 0.42 \times (-1) = 0.086\ 1 \\ f_2 : r_1 \rightarrow r_{S_1}, N_a + N_b + N_c = 16, a = 12/16 = 0.75, b = 4/16 = 0.25, \\ c = 0, i = 0.75, j = -1 \\ \mu_{f_2}(r_1 \rightarrow r_{S_1}) = 0.75 + 0.25 \times 0.75 + 0 \times (-1) = 0.937\ 5 \\ f_3 : r_1 \rightarrow r_{S_1}, N_a + N_b + N_c = 21, a = 17/21 = 0.81, b = 3/21 = 0.14, \\ c = 1/21 = 0.05, i = 0.76, j = -1 \\ \mu_{f_3}(r_1 \rightarrow r_{S_1}) = 0.81 + 0.14 \times (0.76) + 0.14 \times (-1) = 0.776\ 4 \end{cases}$$

$$(4\text{-}13)$$

（4）确定因素权重

专家直接确定各因素的权重 $W = \{w_1 = 0.45, w_2 = 0.29, w_2 = 0.26\}$。

（5）确定识别度 $S_F(r_1 \rightarrow r_{S_1})$

根据式（4-10）所列，将式（4-13）和权重代入式（4-10）得式（4-14）。

$$\begin{aligned} S_F(r_1 \rightarrow r_{S_1}) &= \begin{bmatrix} 0.45 & 0.29 & 0.26 \end{bmatrix}^{\mathrm{T}} \times \begin{bmatrix} 0.086\ 1 & 0.937\ 5 & 0.776\ 4 \end{bmatrix} \\ &= 0.511 \end{aligned}$$

$$(4\text{-}14)$$

同理得到 $S_F(r_1 \rightarrow r_{S_2}) = 0.637$。

（6）确定 r_1 与 $r_{S_{1 \sim M}}$ 的归属关系。根据式（4-14）及 $S_F(r_1 \rightarrow r_{S_2}) = 0.637$，得到式（4-15）。

$$\begin{aligned}[1, m] &= \{(1, m) \mid \mathrm{Max}\{S_F(r_1 \rightarrow r_{S_1}) \\ &= 0.511, S_F(r_1 \rightarrow r_{S_2}) = 0.637\}\} \end{aligned}$$

$$(4\text{-}15)$$

最终得到最大值 0.637，对应于 $r_1 \rightarrow r_{S_2}$，表明在 F 的作用下故障样本模式 r_1 可归类于故障标准模式 r_{S_2}，完成了故障样本模式 r_1 的模式识别。其余 r_2 和 r_3 的识别与 r_1 相同，这里不做赘述。

本书以集对分析联系数表示识别的确定性和不确定性；空间故障树的特征函数确定不同因素作用下的故障发生特征，进而确定联系数的系数，从而实现了根据系统故障标准模式识别故障样本模式的目标。

4.3.4　相关研究

（1）多因素集对分析的系统故障模式识别方法

① 使用集对分析联系数并结合空间故障树的故障分布识别故障样本模式与故障标准模式的关系，建立多因素影响下的系统故障识别方法。主要内容包括：根据背景材料建立故障模式识别系统；分析故障样本模式与故障标准模式的

关系；确定关系联系度的各系数值，通过故障分布统计确定；计算联系度；计算识别度；最终确定故障样本模式与故障标准模式的归属关系，完成故障样本识别。

② 通过实例分析展示方法流程，并获得了故障样本识别结果。其中，电气系统的主要故障原因为漏电和短路，相关因素为温度、湿度和气压。经过分析，我们得到了故障样本模式的联系度和识别度。结果表明，故障样本模式 r_1 属于故障标准模式 r_{s_1}，给出该方法的优点。

③ 将因素分为直接因素和背景因素，通过联系度确定关系。联系度系数通过故障在故障空间中的分布进行确定，而联系数可表示系统故障发生的确定性和不确定性。

（2）多因素和联系度的动态故障模式识别方法。

① 从系统故障标准模式和故障样本模式的变化角度来识别它们的相关性，进而完成故障模式识别。

② 研究动态故障模式识别方法的可行性，认为基于故障模式在不同因素影响下故障数量变化的识别方法更有可能得到有效的识别结果，可避免由于时间积累等原因造成的故障数量累计差别过大导致的识别错误。

③ 给出两种情况下的动态故障模式识别方法。在多种因素影响下，以单一因素对故障数量的影响为基础借助特征函数研究样本模式的识别；以多因素联合作用下对故障数量的影响为基础借助故障分布研究样本模式的识别。通过这两种方法计算关联度和识别度，最终根据故障标准模式识别故障样本模式；同时，给出了一简单电气系统进行分析，实施上述两种方法，证明了方法的有效性。

（3）联系数和属性多边形的系统故障模式识别

① 利用集对分析的联系数和空间故障树的特征函数及属性多边形对系统故障样本模式进行识别，介绍了集对分析联系数与空间故障网络相结合的可能性，同时重点论述了属性多边形的构造方法和基本性质。

② 构建多因素影响下的故障模式识别方法。根据系统故障背景建立故障模式识别系统，构造特征函数；统计各因素单独影响下两模式的同异反状态数量；计算单因素的故障模式联系度；确定因素权重；确定属性多边形结构；计算同异反分量面积；计算多因素的故障模式联系度；识别系统故障样本模式。分析过程可总结为两次联系度的计算：第一次为确定单因素下的故障模式联系度，利用特征函数表示故障数据进而计算联系数系数；第二次确定多因素联合影响的故障模式联系度，利用属性多边形的同异反分量面积计算联系数系数。

③ 最终确定适合的联系度进行识别，并使用简单的电气系统为例对方法流程进行说明。

④ 实施两阶段的联系数计算,通过详细的计算得到了系统故障样本模式与故障标准模式的关联程度,最终根据最大原则对故障样本模式进行了识别。

（4）集对分析的 SFT 特征函数重构及性质

① 利用集对分析的联系数重构 SFT 特征函数,为使用集对分析思想研究系统功能状态及建立适应的 SFT 理论奠定基础。

② 研究集对分析思想与系统功能状态的关系,认为二者是同构的,集对分析可用于系统功能状态的研究。二元联系数表示系统的确定和不确定功能状态关系;三元联系数表示系统可靠、不确定和失效的功能状态关系。

③ 建立基于联系数的特征函数,使用三元联系数重构 SFT 特征函数,得到了元件故障概率分布的联系数表示及系统故障概率分布的联系数表示。

④ 研究特征函数的性质与基本运算,包括联系数特征函数、元件故障概率分布和系统故障概率分布的一些性质。联系数特征函数的各种运算可参照集对分析中三元联系数的运算方法和法则。

（5）统功能状态的确定性与不确定性表示方法

系统功能状态至少可分为确定状态和不确定状态,它们组成了整个状态空间,对立但能相互转化。考虑到论域中有些对象状态难以确定,也可将系统功能状态分为可靠状态、不确定状态和失效状态。利用集对分析中的联系数描述系统功能状态的上述两种叠加形式,确定和不确定状态对应二元联系数,可靠、不确定和失效状态对应三元联系数,从而得到系统功能状态表达式。利用量子状态表示多功能设定的系统功能状态表达式,以两功能设定且都存在确定和不确定状态为例,对应于两量子状态叠加形式。利用两量子状态叠加的经典表达式,使用二元联系数确定各状态概率,进而确定两功能设定的系统功能状态表达式。

4.4　量子方法与系统安全分析

任何存在的事物都是系统,大体上可分为自然系统和人工系统。前者不受人存在的影响,是天然的存在;而后者则是以人的意识和目的为中心建立起来的完成预定功能的有机整体。就人工系统而言,其建立必将消耗人力、财力和物力等资源。因此,人工系统是否存在取决于资源消耗与系统功能的平衡性。系统必须在规定的时间内、规定的条件下完成预定功能,称为系统的可靠性,保持可靠性的状态称为可靠状态。与可靠性对应则是系统的失效性及失效状态。任何一次对系统功能状态的测量都可确定的得到系统状态,或者可靠状态,或者失效状态。系统状态是在这两种状态间的转化,且只有这两种状态。系统功能状态是评价系统存在意义的核心要求,必须采取措施使系统保持可靠状态,远离失效状态。采取措施的前提是如何获得系统当前功能状态。另外一种更为特别的情况是,如果系统功能通过一定加密通信控制,且存在于敌方控制下,那么必将受到敌方对系统功能的各种干扰。这时系统必须分辨敌我双方信号,保障我方对系统功能的要求。当然,这是极端情况,但必须保证。因此,对系统功能状态的控制,进而保持系统可靠状态成为研究系统安全的重点内容。

系统可靠性、失效性及系统状态控制相结合的研究在相关领域取得了重要进展。但系统的可靠状态和失效状态独具特点。首先系统功能状态是二态的,是对立且能相互转化的,它们组成了系统功能状态空间的全集。控制系统功能状态需要我方了解系统当前状态,在任何状态下都能保持系统可靠状态;同时,禁止敌方了解系统初始状态、当前状态和我方控制行为。针对这些问题,为保障系统可靠状态避免失效状态,我们提出了系统功能状态的量子博弈策略。这部分研究内容涉及安全系统工程、系统可靠性、量子叠加、量子通信和博弈等相关基础知识,请读者自行了解。

4.4.1 利用量子叠加及纠缠描述系统功能状态

系统功能状态具有二态性,即可靠状态和失效状态。它们之间可以相互转化,但对立互不相容,共同组成了系统功能状态空间的全集。更为重要的是,在未知初始系统功能状态或未测量时,该状态是可靠状态和失效状态的叠加。这在系统科学中是常见的,也是安全科学基础理论内容,这里不再详述。本节主要论述使用量子叠加和纠缠描述系统功能状态的可行性。

量子叠加,即量子态的叠加,源于微观粒子的波粒二象性的波动相干性。即光粒子即存在粒子性又存在波动性,是将多个量子状态同时体现在一个量子上的现象。目前,一般通过光子的两种线偏振态或椭圆偏振态,磁场中原子核相反自旋,二能级原子、分析或离子来表示,它们的两种量子态都表现在同一个量子上。这说明量子具有二态性,它们对立、相互转化构成了量子态空间;在未测量状态下量子态是二态叠加。该二态是正交的量子基态,在量子态空间中可表示无穷种量子叠加态。该性质与系统功能状态的性质安全相同。这也为使用量子态描述系统功能状态提供了性质上的保障。

量子纠缠状态是指两个或多个量子系统之间的非定域、非经典的关联,是量子系统内各子系统或各自由度之间的关联性质。例如,多个微观粒子因微观观察特性交织在一起的现象。量子纠缠体现了多个量子发生关系时表现出的多个量子态相互干扰的情况。对应于系统,其表示了系统与子系统、子系统与子系统、基本元件与基本元件的作用关系。就系统功能状态而言,则是系统可靠状态和失效状态的关系。这也为使用量子态描述系统功能状态提供了行为关系上的保障。

本书所提方法是可靠性理论与量子力学的少有结合。由于主要研究单一系统功能变化的特征,所以使用量子叠加特性描述系统功能状态。而量子纠缠解决的问题更为高级,是系统之间及系统内部子系统之间的功能状态作用。因此,首先研究量子叠加描述系统功能状态,当然系统本身可靠状态和失效状态是纠缠的。

4.4.2　调整系统功能状态的量子博弈策略

博弈策略实际是敌我双方为争夺系统功能控制权的策略。对于系统(人工系统)而言,对系统的影响、操作及作用可源于敌我双方。如何保证我方在博弈中保持有利系统功能(保障我方视角的系统可靠状态)是关键问题。下面使用量子博弈策略(后文简称量子策略)对非叠加态和叠加态系统功能状态进行研究。

(1)非叠加系统功能状态的博弈策略

非叠加态指系统有确定的初始功能状态,即可靠状态或失效状态之一。我方采用量子策略对系统功能状态进行调整,敌方采用经典二态策略(变化或不变)进行调整。

① 设初始系统功能状态包括 $|1\rangle = \begin{bmatrix} 1 \\ 0 \end{bmatrix}$ 或 $|0\rangle = \begin{bmatrix} 0 \\ 1 \end{bmatrix}$,分别表示系统可靠状态和系统失效状态,则式(4-16)为量子状态密度矩阵[134-135],从而得到初始系统功能状态 ρ_0,包括 ρ_0^1(可靠状态)和 ρ_0^0(失效状态)。

$$\begin{cases} \rho_0^1 = |1\rangle\langle 1| = \begin{bmatrix} 1 \\ 0 \end{bmatrix} \otimes \begin{bmatrix} 1 \\ 0 \end{bmatrix} = \begin{bmatrix} 1 & 0 \\ 0 & 0 \end{bmatrix} \\ \rho_0^0 = |0\rangle\langle 0| = \begin{bmatrix} 0 \\ 1 \end{bmatrix} \otimes \begin{bmatrix} 0 \\ 1 \end{bmatrix} = \begin{bmatrix} 0 & 0 \\ 0 & 1 \end{bmatrix} \end{cases} \tag{4-16}$$

② 我方通过量子策略对系统功能状态进行调整,即量子玄正变换。采用 Hadamard(H)和 X 反转变化演算子,如式(4-17)所示,得到调整后的状态 ρ_1。

$$\begin{cases} \boldsymbol{H} = \dfrac{1}{\sqrt{2}} \begin{bmatrix} 1 & 1 \\ 1 & -1 \end{bmatrix}, \boldsymbol{X} = \begin{bmatrix} 0 & 1 \\ 1 & 0 \end{bmatrix} \\ \rho_1^1 = \boldsymbol{H}\rho_0^1 \boldsymbol{H}^* = \dfrac{1}{2} \begin{bmatrix} 1 & 1 \\ 1 & 1 \end{bmatrix} \\ \rho_1^0 = \boldsymbol{X}\boldsymbol{H}\rho_0^0 (\boldsymbol{X}\boldsymbol{H})^* = \dfrac{1}{2} \begin{bmatrix} 1 & 1 \\ 1 & 1 \end{bmatrix} \end{cases} \tag{4-17}$$

式中,* 表示矩阵的转置。

③ 敌方通过经典二态策略对系统功能状态进行调整,设演算子 $\boldsymbol{B}^0 = \begin{bmatrix} 1 & 0 \\ 0 & 1 \end{bmatrix}$,$\boldsymbol{B}^1 = \begin{bmatrix} 0 & 1 \\ 1 & 0 \end{bmatrix}$ 分别表示系统状态不变和系统状态改变,则有式(4-18)过程。

$$
\begin{cases}
\rho_2^1 = \boldsymbol{B}^0 \rho_1^1 \boldsymbol{B}^{0*} = \boldsymbol{B}^1 \rho_1^0 \boldsymbol{B}^{1*} = \rho_1^1 = \dfrac{1}{2}\begin{bmatrix} 1 & 1 \\ 1 & 1 \end{bmatrix} \\[3mm]
\rho_2^0 = \boldsymbol{B}^1 \rho_1^1 \boldsymbol{B}^{1*} = \boldsymbol{B}^0 \rho_1^0 \boldsymbol{B}^{0*} = \rho_1^0 = \dfrac{1}{2}\begin{bmatrix} 1 & 1 \\ 1 & 1 \end{bmatrix}
\end{cases}
\tag{4-18}
$$

由此可见,敌方采用二态策略对系统功能状态进行的调整是无效的。

④ 我方再次通过量子策略对系统功能状态进行调整,根据 $\boldsymbol{H}$ 和 $\boldsymbol{X}$ 演算子性质进行量子玄正变换,如式(4-19)所列。

$$
\begin{cases}
\boldsymbol{X}\boldsymbol{X}^* = \boldsymbol{I}, \boldsymbol{H}\boldsymbol{H}^* = \boldsymbol{I}, (\boldsymbol{X}\boldsymbol{H})(\boldsymbol{X}\boldsymbol{H}) = \boldsymbol{I}, (\boldsymbol{X}\boldsymbol{H})^*(\boldsymbol{X}\boldsymbol{H})^* = \boldsymbol{I} \\
\rho_3^1 = \boldsymbol{H}\rho_2^1 \boldsymbol{H}^* = \boldsymbol{H}(\boldsymbol{B}^0 \rho_1^1 \boldsymbol{B}^{0*}/\boldsymbol{B}^1 \rho_1^0 \boldsymbol{B}^{1*})\boldsymbol{H}^* = \boldsymbol{H}\rho_1^1 \boldsymbol{H}^* = \boldsymbol{H}\boldsymbol{H}\rho_0^1 \boldsymbol{H}^* \boldsymbol{H}^* = \rho_0^1 \\
\rho_3^0 = \boldsymbol{X}\boldsymbol{H}\rho_2^0 (\boldsymbol{X}\boldsymbol{H})^* = \boldsymbol{X}\boldsymbol{H}(\boldsymbol{B}^1 \rho_1^1 \boldsymbol{B}^{1*}/\boldsymbol{B}^0 \rho_1^0 \boldsymbol{B}^{0*})(\boldsymbol{X}\boldsymbol{H})^* \\
\quad = \boldsymbol{X}\boldsymbol{H}\rho_1^0 (\boldsymbol{X}\boldsymbol{H})^* = \boldsymbol{X}\boldsymbol{H}\boldsymbol{X}\boldsymbol{H}\rho_0^0 (\boldsymbol{X}\boldsymbol{H})^*(\boldsymbol{X}\boldsymbol{H})^* = \rho_0^0
\end{cases}
$$

$$\tag{4-19}$$

上述过程说明,我方通过量子策略可得到期望的、完全的和任意的系统功能状态,这是因为二态策略不改变量子状态密度矩阵。对敌方而言,系统可靠和失效概率在未测量时是未知的(因为我方进行了调整),而测量后总是随机的(可靠或失效状态)。因此,通过量子策略可控制系统功能状态,总能得到期望的结果,并且在非叠加时量子策略具有明显优势。

(2) 叠加态系统功能状态的博弈策略

叠加态是指系统具有未知且未测量的系统功能状态,是可靠与失效状态的叠加状态。我方采用量子策略,敌方采用二态策略。

① 当前系统功能状态未知,是可靠与失效的叠加态,设系统功能状态 $|\varphi\rangle = \alpha|0\rangle + \beta|1\rangle$,$|0\rangle$ 和 $|1\rangle$ 状态纠缠,α 和 β 分别是 $|0\rangle$ 和 $|1\rangle$ 状态出现的概率,即 $|\alpha|^2 + |\beta|^2 = 1$,为了计算方便设 $|\alpha|^2 = |\beta|^2 = 1/2$,当然也有其他选择。初始系统功能状态密度函数如式(4-20)所列。

$$
\begin{aligned}
\rho_0 &= (\alpha|0\rangle + \beta|1\rangle) \otimes (\alpha\langle 0| + \beta\langle 1|) \\
&= \alpha|0\rangle \otimes \alpha\langle 0| + \beta|1\rangle \otimes \alpha\langle 0| + \alpha|0\rangle \otimes \beta\langle 1| + \beta|1\rangle \otimes \beta\langle 1| \\
&= \alpha^2|0\rangle\langle 0| + \alpha\beta(|1\rangle\langle 0| + |0\rangle\langle 1|) + \beta^2|1\rangle\langle 1| \\
&= \alpha^2\begin{bmatrix} 0 & 0 \\ 0 & 1 \end{bmatrix} + \alpha\beta\begin{bmatrix} 1 & 0 \\ 0 & 1 \end{bmatrix} + \beta^2\begin{bmatrix} 1 & 0 \\ 0 & 0 \end{bmatrix}
\end{aligned}
\tag{4-20}
$$

② 我方通过量子策略对系统调整，量子策略为 $\boldsymbol{A} = \dfrac{1}{\sqrt{2}}\begin{bmatrix} 1 & 1 \\ -1 & -1 \end{bmatrix}$ 演算子，如式（4-21）所列。

$$
\begin{aligned}
\rho_1 &= \boldsymbol{A}\rho_0\boldsymbol{A}^* \\
&= \frac{1}{\sqrt{2}}\begin{bmatrix} 1 & 1 \\ -1 & -1 \end{bmatrix}\left(\alpha^2\begin{bmatrix} 0 & 0 \\ 0 & 1 \end{bmatrix}+\alpha\beta\begin{bmatrix} 1 & 0 \\ 0 & 1 \end{bmatrix}+\beta^2\begin{bmatrix} 1 & 0 \\ 0 & 0 \end{bmatrix}\right)\frac{1}{\sqrt{2}}\begin{bmatrix} 1 & -1 \\ 1 & -1 \end{bmatrix} \\
&= \frac{1}{2}(\alpha^2+\beta^2+\alpha\beta)\begin{bmatrix} 1 & -1 \\ -1 & 1 \end{bmatrix}
\end{aligned} \tag{4-21}
$$

③ 敌方通过经典二态策略对系统调整，$\boldsymbol{B}^1=\begin{bmatrix} 1 & 0 \\ 0 & 1 \end{bmatrix}$，$\boldsymbol{B}^0=\begin{bmatrix} 0 & 1 \\ 1 & 0 \end{bmatrix}$，同样对调整无效，即 $\rho_2 = \boldsymbol{B}^1\rho_1\boldsymbol{B}^{1*} = \boldsymbol{B}^0\rho_1\boldsymbol{B}^{0*} = \rho_1$。

④ 我方再次通过量子策略对系统调整，量子策略为 $\boldsymbol{A}^1 = \dfrac{1}{2}\begin{bmatrix} 1 & -1 \\ 0 & 0 \end{bmatrix}$，$\boldsymbol{A}^0 = \dfrac{1}{2}\begin{bmatrix} 0 & 0 \\ 1 & -1 \end{bmatrix}$ 演算子，分别得到 1（可靠状态）和 0（失效状态），如式（4-22）所列。

$$
\begin{cases}
\begin{aligned}
\rho_3^1 &= \boldsymbol{A}^1\rho_2\boldsymbol{A}^{1*} = \frac{1}{2}\begin{bmatrix} 1 & -1 \\ 0 & 0 \end{bmatrix}\frac{1}{2}(\alpha^2+\beta^2+2\alpha\beta)\begin{bmatrix} 1 & -1 \\ -1 & 1 \end{bmatrix}\frac{1}{2}\begin{bmatrix} 1 & 0 \\ -1 & 0 \end{bmatrix} \\
&= \begin{bmatrix} 1 & 0 \\ 0 & 0 \end{bmatrix} = |\,1\rangle\langle 1\,| \\
\rho_3^0 &= \boldsymbol{A}^0\rho_2\boldsymbol{A}^{0*} = \frac{1}{2}\begin{bmatrix} 0 & 0 \\ 1 & -1 \end{bmatrix}\frac{1}{2}(\alpha^2+\beta^2+2\alpha\beta)\begin{bmatrix} 1 & -1 \\ -1 & 1 \end{bmatrix}\frac{1}{2}\begin{bmatrix} 0 & 1 \\ 0 & -1 \end{bmatrix} \\
&= \begin{bmatrix} 1 & 0 \\ 0 & 0 \end{bmatrix} = |\,0\rangle\langle 0\,|
\end{aligned}
\end{cases} \tag{4-22}
$$

同样，在初始系统功能状态未知且叠加情况下，我方通过量子策略对系统进行调整，可获得期望的任何系统功能状态，而敌方则始终处于不知系统功能状态的情况。

综上所述，初始系统功能状态非叠加或叠加时，通过量子策略对系统功能状态进行调整都可获得期望的系统功能状态。二态策略调整只能得到可靠或失效各 50% 的可能状态（这与 α、β 的设定有关），或者根本无从知道系统功能状态（因为叠加）。

4.4.3 加密及解密系统功能状态的演算子

通过上述两过程可知,二态策略对系统功能状态密度分布无效。而量子策略可对系统功能状态进行类似加密和解密的调整,且能任意控制系统功能状态。即使过程中掺杂二态策略调整,也对结果是无效的。因此,该过程可总结为初始状态 ρ_0 —加密 ρ_1 —解密 ρ_3。ρ_3 是叠加状态,通过测量塌缩成 $|0\rangle\langle0|$ 或 $|1\rangle\langle1|$。系统功能状态有式(4-23)所示推导。

$$
\begin{aligned}
\rho_3 &= \alpha^2 \boldsymbol{XH}\rho_2^0(\boldsymbol{XH})^* + \alpha\beta(\boldsymbol{XXH}\rho_2^0(\boldsymbol{XH})^* + \boldsymbol{XH}\rho_2^1\boldsymbol{H}^*) + \beta^2\boldsymbol{H}\rho_2^1\boldsymbol{H}^* \\
&= \alpha^2 \boldsymbol{XHXH}\rho_2^0(\boldsymbol{XH})^*(\boldsymbol{XH})^* + \alpha\beta(\boldsymbol{XXHXH}\rho_2^0(\boldsymbol{XH})^*(\boldsymbol{XH})^* + \\
&\quad \boldsymbol{XHH}\rho_2^1\boldsymbol{H}^*\boldsymbol{H}^*) + \beta^2\boldsymbol{HH}\rho_2^1\boldsymbol{H}^*\boldsymbol{H}^* \\
&= \alpha^2 \boldsymbol{I}\rho_1^0\boldsymbol{I} + \alpha\beta(\boldsymbol{XI}\rho_1^0\boldsymbol{I} + \boldsymbol{XI}\rho_1^1\boldsymbol{I}) + \beta^2\boldsymbol{I}\rho_1^1\boldsymbol{I} \\
&= \alpha^2\rho_1^0 + \alpha\beta\boldsymbol{X}(\rho_1^0 + \rho_1^1) + \beta^2\rho_1^1 \\
&= \alpha^2\rho_1^0 + \alpha\beta(\rho_1^0 + \rho_1^1) + \beta^2\rho_1^1 \\
&= \rho_0
\end{aligned}
\tag{4-23}
$$

式(4-23)说明,利用量子策略对系统功能状态调整不但可获得期望的任何状态,还可对系统功能状态进行扰乱,使敌方无法获得系统功能实际状态,起到了系统功能状态的加密作用。加密解密过程需要满足一定条件,如式(4-24)所示。

$$
\boldsymbol{A}^{0/1}\boldsymbol{A}\rho_0\boldsymbol{A}^*\boldsymbol{A}^{0/1*} = \rho^{0/1}
\tag{4-24}
$$

式(4-24)说明,原系统功能的叠加态经过加密演算子 $\boldsymbol{A}$ 调整和解密演算子 $\boldsymbol{A}^{0/1}$ 调整即可得到理想的系统功能状态,且它们成对出现,因此主要任务是确定 $\boldsymbol{A}$ 和 $\boldsymbol{A}^{0/1}$。式(4-20)以矩阵及系数形式存在,由于矩阵不同导致确定过程极为困难。因此,求解加密演算子 $\boldsymbol{A}$ 的策略是使 3 个矩阵相同(当然还有别的策略)。

设 $\boldsymbol{A}\begin{bmatrix}0&0\\0&1\end{bmatrix}\boldsymbol{A}^* = \boldsymbol{A}\dfrac{1}{2}\begin{bmatrix}0&1\\1&0\end{bmatrix}\boldsymbol{A}^* = \boldsymbol{A}\begin{bmatrix}1&0\\0&0\end{bmatrix}\boldsymbol{A}^*, \boldsymbol{A}=\begin{bmatrix}a&b\\c&d\end{bmatrix}, \boldsymbol{A}^*=\begin{bmatrix}a&c\\b&d\end{bmatrix}$,

则有推导过程如式(4-25)所列。

$$
\begin{cases}
\begin{bmatrix}a&b\\c&d\end{bmatrix}\begin{bmatrix}0&0\\0&1\end{bmatrix}\begin{bmatrix}a&c\\b&d\end{bmatrix}=\begin{bmatrix}b^2&bd\\db&d^2\end{bmatrix} \\[3mm]
\begin{bmatrix}a&b\\c&d\end{bmatrix}\begin{bmatrix}0&1\\1&0\end{bmatrix}\begin{bmatrix}a&c\\b&d\end{bmatrix}=\begin{bmatrix}ba+ab&bc+ad\\da+cb&cd+cd\end{bmatrix}\Big/2 \Rightarrow
\begin{cases}
b^2=(ba+ab)/2=a^2 \\
bd=(bc+ad)/2=ac \\
db=(da+cb)/2=ac \\
d^2=(cd+cd)/2=c^2
\end{cases} \\[3mm]
\begin{bmatrix}a&b\\c&d\end{bmatrix}\begin{bmatrix}1&0\\0&0\end{bmatrix}\begin{bmatrix}a&c\\b&d\end{bmatrix}=\begin{bmatrix}a^2&ac\\ac&c^2\end{bmatrix}
\end{cases}
$$

$$\Rightarrow\begin{cases} b^2 = ba = a^2 \\ bd = (bc+ad)/2 = ac \\ db = (da+cb)/2 = ac \\ d^2 = cd = c^2 \end{cases}$$

$$\Rightarrow |a| = |b| = |c| = |d|$$

$$\Rightarrow \boldsymbol{A} = a\begin{bmatrix} i & i \\ i & i \end{bmatrix}, i = \pm 1 \tag{4-25}$$

$\boldsymbol{A}$ 是一种均值分布,从量子角度说是量子状态密度均布,但其方向任意。再考虑 $\boldsymbol{A}^{0/1}$,$\boldsymbol{A}^0$ 对应 $\rho^0 = |0\rangle\langle 0|$,$\boldsymbol{A}^1$ 对应 $\rho^1 = |1\rangle\langle 1|$,那么演算子密度矩阵必须保留 $|0\rangle\langle 0|$ 和 $|1\rangle\langle 1|$ 中的 1 位置。因此,设 $\boldsymbol{A} = k\begin{bmatrix} i & i \\ i & i \end{bmatrix}$,$\boldsymbol{A}^0 = k^0\begin{bmatrix} 0 & 0 \\ i & i \end{bmatrix}$,$\boldsymbol{A}^1 = k^1\begin{bmatrix} i & i \\ 0 & 0 \end{bmatrix}$,根据式(4-24)可以得到式(4-26)。

$$k^1\begin{bmatrix} i & i \\ 0 & 0 \end{bmatrix} k\begin{bmatrix} i & i \\ i & i \end{bmatrix} \left(\alpha^2\begin{bmatrix} 0 & 0 \\ 0 & 1 \end{bmatrix} + \alpha\beta\begin{bmatrix} 1 & 0 \\ 0 & 1 \end{bmatrix} + \beta^2\begin{bmatrix} 1 & 0 \\ 0 & 0 \end{bmatrix} \right) k\begin{bmatrix} i & i \\ i & i \end{bmatrix} k^1\begin{bmatrix} i & 0 \\ i & 0 \end{bmatrix}$$

$$= k^1\begin{bmatrix} i & i \\ 0 & 0 \end{bmatrix} 2k^2\begin{bmatrix} i^2 & i^2 \\ i^2 & i^2 \end{bmatrix} k^1\begin{bmatrix} i & 0 \\ i & 0 \end{bmatrix} = 2k^2k^{1\,2}\begin{bmatrix} 4i^4 & 0 \\ 0 & 0 \end{bmatrix}$$

$$= 8k^2k^{1\,2}\begin{bmatrix} 4i^4 & 0 \\ 0 & 0 \end{bmatrix}$$

$$= \begin{bmatrix} 1 & 0 \\ 0 & 0 \end{bmatrix} \Rightarrow 8k^2k^{1\,2} = 1 \Rightarrow kk^{0/1} = \frac{1}{2\sqrt{2}} \tag{4-26}$$

需要说明的是,k^1 与 k^0 确定过程相同;$\boldsymbol{A}$、$\boldsymbol{A}^0$、$\boldsymbol{A}^1$ 演算子密度矩阵中的对应位置数值是相同的,但可以是 1 或 -1;k、k^0 和 k^1 是待定系数,实际上 $k = a$,$k^0 = k^1$。如果对初始系统功能状态进行加密,可使用演算子 $\boldsymbol{A}$ 进行调整,之后需要系统为可靠状态时使用演算子 $\boldsymbol{A}^1$ 进行调整,否则使用 $\boldsymbol{A}^0$ 调整。因此,系统功能状态的加密与解密演算子需满足式(4-27)。

$$\begin{cases} \boldsymbol{A}^1 = k^1\begin{pmatrix} a & b \\ 0 & 0 \end{pmatrix}, \boldsymbol{A}^0 = k^0\begin{pmatrix} 0 & 0 \\ c & d \end{pmatrix}, \boldsymbol{A} = k\begin{pmatrix} a & b \\ c & d \end{pmatrix} \\ kk^{0/1} = \frac{1}{2\sqrt{2}}, |a| = |b| = |c| = |d| = \pm 1 \end{cases} \tag{4-27}$$

如果不预先设定 $|\alpha|^2 = |\beta|^2 = 1/2$,那么式(4-27)的一般性条件为 $kk^{0/1} = \frac{(\alpha+\beta)^2}{2\sqrt{2}}$ 且 $|\alpha|^2 + |\beta|^2 = 1$。因此,只要满足式(4-27),根据 $\boldsymbol{A}$ 演算子密度矩阵可得对应的加密与解密演算子,进而对系统功能状态进行机密和解密,以

防敌方对系统功能状态的干扰。也可多次加密和解密系统功能状态,但加密和解密的次数必须相同,否则无法得到初始状态,当然该过程外界不可见。

由于系统功能状态与量子状态的相似性,量子力学中的很多原理可用于系统功能状态研究。例如,在敌方领域不便于我方控制系统情况下,可通过量子通信对系统功能状态进行调整,同时也起到了对系统功能状态的加密作用。

4.4.4　相关研究

(1) 双链量子遗传算法的系统故障概率分布确定

① 提出基于双链量子遗传算法确定系统故障概率分布的步骤和过程,讨论了使用双链量子遗传算法确定系统故障概率分布的可行性。

② 给出步骤和过程,包括:确定系统结构及元件;确定各元件故障概率变化与各因素的关系;确定元件故障概率空间分布;确定系统结构;划分系统故障概率分布;确定各区域故障概率的最大值和最小值;得到各区域最值;得到不同区域的系统故障概率变化。

③ 通过已有例子对算法进行了应用。结果表明,与已有精确分布相比,所得分布展示了大部分故障概率变化特征,同时减少了计算的难度和复杂度,可以以列表形式提供不同因素条件下系统的故障概率变化范围。该方法适合现场对精度要求不高的故障概率分析。

(2) BQEA 的系统故障概率变化范围研究

① 研究多因素影响下系统故障概率变化范围的表示和确定方法,论述了BQEA 方法的基本原理。在原理清晰的基础上,研究了系统故障概率变化范围的表达和确定方法。

② 根据空间故障树结构化简方法,确定了系统故障在多因素作用下的概率分布表达式。使用 BQEA 方法,将系统故障变化范围的确定转化为概率分布表达式最大值和最小值的优化问题,给出了用于该问题分析的染色体编码、解空间变换、染色体更新和变异方式。

③ 通过空间故障树经典算例证明了方法的可行性和有效性。基于空间故障树,通过 BQEA 方法得到的多因素变化范围内的系统故障概率变化范围,与通过解析方式得到的结果相近。同时,BQEA 方法所得结果更适合多因素时的系统故障概率变化范围展示,在保证与解析结果近似的同时降低了计算复杂度。

(3) QPSO 的系统故障概率变化范围研究

根据分析需要修改了 QPSO,并论述了多因素影响的系统故障概率表达方法,即系统故障概率分布。基于 QPSO 和 SFT 理论,提出了多因素影响下的系统故障概率变化程度确定方法。可确定单因素和多因素影响下的系统故障概率变化程度范围,给出了变化程度表达式和程度范围计算模型。由于 QPSO 和特征函数间断点的限制,只能将各因素变化总域按照间断点进行划分,在连续空间中使用该方法。通过实例分析,验证了方法的正确性和适用性。虽然降低了精确性,但各域所得概率变化程度与解析结果近似,算法的复杂度降低且分析速度提高,适合系统故障的应急分析、预测和判断。

4.5　柔性逻辑及量子力学与系统故障演化过程

系统发生故障不是一蹴而就的,而是一种演化过程。宏观上该演化是按照一定方向发展的,而微观上则是按照事件间因果关系进行。系统故障演化过程是非常复杂的动态过程,受到系统内外因素影响,这些导致了演化过程中事件、演化进程、事件间逻辑关系等发生变化。因此,对系统故障演化过程的研究必须聚焦于演化经历的事件、影响的因素和事件间的逻辑关系。对实际系统而言,不进行实际使用、测量和统计评价,难以得到系统故障演化的最终结果,即发生何种故障、发生故障的概率如何都难以确定。通常情况下,在系统设计或是运行期间都可分析系统故障状态、模式和可能性,而在未进行实际测量前这些状态、模式和可能性都是并存的,它们的共同作用形成了系统某时刻的功能状态。只有在测量系统运行情况后,才能得到系统可靠或失效的功能状态,这时系统功能状态不再是众多状态的叠加,而是塌缩成稳定且确定的状态。上述过程类似于量子态、量子态叠加和塌缩过程。另外,单一量子态由两种极化状态表示,而一般的量子态则是这两种极化态的线性组合;在系统故障演化过程中,原因事件导致结果事件的逻辑关系可能是多种逻辑关系的叠加,而一种逻辑关系也具备两种极化态,即完全符合该逻辑关系和完全不符合该逻辑关系,而实际情况可能是在这两个极化态之间的逻辑状态。再者,原因事件导致结果事件发生的逻辑关系可能有很多种,不同逻辑关系表现出的程度不同,需要多种逻辑关系的各自两极化态间状态的叠加。那么,上述描述的问题可总结为在系统故障演化过程中,原因事件以多种逻辑关系导致结果事件发生,如何表达和研究这些逻辑关系共同作用的叠加状态,即通过单一表达式表达这些状态的叠加,从而确定结果事件发生概率及蕴含的逻辑关系。

4.5.1　量子叠加特征和量子叠加态

经典信息存储单元为比特(bit),其基本特征是只能表示 0、1 两种状态且互斥。1 个比特位可同时表示 2 种状态中的 1 个;2 个比特位可以同时表示 4 种状态中的 1 个;3 个比特位可以同时表示 8 种状态中的 1 个,以此类推 n 个比特位可以表示 2^n 种状态中的 1 个。因此,不论比特位有多少个,只能同时表示 1 种状态,且是确定的。

与经典比特不同,1 个量子比特状态是 1 个二维复数向量。利用布洛赫球表示法,量子态的 2 个极化状态分别为 $|0\rangle$ 和 $|1\rangle$,这分别对应于经典比特的 0 和 1 状态。一般地,量子比特存在于二维复数空间中对于经典比特 0、1 之间的状态,量子比特可用量子叠加态表示,即 $|0\rangle$ 和 $|1\rangle$ 极态的线型组合方式表示,其是连续的、随机的、任意的,更为重要的是可以同时表示 $|0\rangle$ 和 $|1\rangle$ 构成量子态的全部状态。这时,1 量子比特位可同时表示 2 种状态;2 位量子比特位可同时表示 4 种状态;3 量子比特位可同时表示 8 种状态。依此类推,n 量子比特位可同时表示 2^n 种状态。比如,表示 0 到 15 的所有 16 个整数需要比特位 4×16 个,而量子比特位只需要 4 位。因此,在表示相同信息时,量子比特位与传统比特位数量比为 $n : n \times 2^n = 1 : 2^n$,所以量子比特位较传统比特位对多状态信息表示的优势。一般情况下,量子态是在 $|0\rangle$ 和 $|1\rangle$ 状态的线性组合基础上表示的,如式(4-28)所列。

$$|\mu\rangle = \alpha_0 |0\rangle + \alpha_1 |1\rangle \qquad (4-28)$$

式中,α_0 和 α_1 是任意复数,分别代表两种状态的概率幅,且 $\alpha_0{}^2 + \alpha_1{}^2 = 1$(塌缩概率)。

式(4-28)给出了单量子态的表示方法,更为详尽的说明参见布洛赫球表示法,这里不做详述。式(4-28)由三个要素组成 $|\mu\rangle$ 代表量子态或量子叠加态;α_0 和 α_1 分别代表 $|0\rangle$ 和 $|1\rangle$ 出现的概率幅;$|0\rangle$ 和 $|1\rangle$ 代表量子的极化状态。那么,多量子态叠加后的系统量子态表达也可从这三个方面确定。其中,2 量子态 $|\mu_1\rangle$ 和 $|\mu_2\rangle$ 表示为叠加态 $|\mu_1\mu_2\rangle$,则 $|\mu_1\mu_2\rangle = \alpha_{00} |00\rangle + \alpha_{01} |01\rangle + \alpha_{10} |10\rangle + \alpha_{11} |11\rangle$;$|00\rangle$ 表示 2 量子态均极化为 0 的状态,$|01\rangle$ 表示 $|\mu_1\rangle$ 极化为 0 且 $|\mu_2\rangle$ 极化为 1 的状态,$|10\rangle$ 表示 $|\mu_1\rangle$ 极化为 1 且 $|\mu_2\rangle$ 极化为 2 的状态,$|11\rangle$ 表示两量子态均极化为 1 的状态;α_{00}、α_{01}、α_{10} 和 α_{11} 分别为上述 4 个状态的概率幅,4 种状态的出现概率分别为 $\alpha_{00}{}^2$、$\alpha_{01}{}^2$、$\alpha_{10}{}^2$ 和 $\alpha_{11}{}^2$,且满足 $\alpha_{00}{}^2 + \alpha_{01}{}^2 + \alpha_{10}{}^2 + \alpha_{11}{}^2 = 1$。

3 量子态 $|\mu_1\rangle$、$|\mu_2\rangle$ 和 $|\mu_3\rangle$ 的叠加表示为 $|\mu_1\mu_2\mu_3\rangle$,则 $|\mu_1\mu_2\mu_3\rangle = \alpha_{000} |000\rangle + \alpha_{010} |010\rangle + \alpha_{100} |100\rangle + \alpha_{110} |110\rangle + \alpha_{001} |001\rangle + \alpha_{011} |011\rangle + \alpha_{101} |101\rangle + \alpha_{111} |111\rangle$;同理,$|000\rangle$ 表示 3 量子态均极化为 0 的状态,$|010\rangle$ 表示 $|\mu_1\rangle$ 极化为 0 且 $|\mu_2\rangle$ 极化为 1 且 $|\mu_3\rangle$ 极化为 0 的状态,依次类推;α_{000}、α_{010}、α_{100}、α_{110}、α_{001}、α_{011}、α_{101} 和 α_{111} 分别为上述 8 个状态的概率幅,8 种状态的出现概率分别为 $\alpha_{000}{}^2$、$\alpha_{010}{}^2$、$\alpha_{100}{}^2$、$\alpha_{110}{}^2$、$\alpha_{001}{}^2$、$\alpha_{011}{}^2$、$\alpha_{101}{}^2$ 和 $\alpha_{111}{}^2$,且满足 $\alpha_{000}{}^2 + \alpha_{010}{}^2 + \alpha_{100}{}^2 + \alpha_{110}{}^2 + \alpha_{001}{}^2 + \alpha_{011}{}^2 + \alpha_{101}{}^2 + \alpha_{111}{}^2 = 1$。

同理，4 状态 $|\mu_1\rangle$、$|\mu_2\rangle$、$|\mu_3\rangle$ 和 $|\mu_4\rangle$ 的叠加表示为 $|\mu_1\mu_2\mu_3\mu_4\rangle$，则

$|\mu_1\mu_2\mu_3\mu_4\rangle = \alpha_{0000}|0000\rangle + \alpha_{0100}|0100\rangle + \alpha_{1000}|1000\rangle + \alpha_{1100}|1100\rangle + \alpha_{0010}|0010\rangle + \alpha_{0110}|0110\rangle + \alpha_{1010}|1010\rangle + \alpha_{1110}|1110\rangle + \alpha_{0001}|0001\rangle + \alpha_{0101}|0101\rangle + \alpha_{1001}|1001\rangle + \alpha_{1101}|1101\rangle + \alpha_{0011}|0011\rangle + \alpha_{0111}|0111\rangle + \alpha_{1011}|1011\rangle + \alpha_{1111}|1111\rangle$；$|0000\rangle$ 表示 4 量子态均极化为 0 的状态，$|0100\rangle$ 表示 $|\mu_1\rangle$ 极化为 0 且 $|\mu_2\rangle$ 极化为 1 且 $|\mu_3\rangle$ 极化为 0 的状态且 $|\mu_4\rangle$ 极化为 0 的状态。依次类推，$\alpha_{0000} \sim \alpha_{1111}$ 分别为上述 16 个状态的概率幅，16 种状态的出现概率分别为 $\alpha_{0000}{}^2 \sim \alpha_{1111}{}^2$，且满足 $\alpha_{0000}{}^2 + \cdots + \alpha_{1111}{}^2 = 1$。

对于更多量子态的叠加可依据上述过程扩展，由于研究的柔性逻辑统一表达式所需基本柔性逻辑只有 16 种，见表 4-5。因此，这里只给出 4 个量子位叠加的量子叠加态表达形式。

4.5.2　柔性逻辑和事件发生逻辑

何华灿教授提出的泛逻辑是综合考虑非标准逻辑的逻辑描述体系，综合地描述了模糊逻辑、概率逻辑和有界逻辑之间的联系，是通过相容性相关关系确定的。他提出的命题泛逻辑理论框架结构是一个四维空间 $[0,1]^4$，空间中心点 O 代表有界逻辑，当命题真度由连续值退化为二值时即为确定性推理的标准逻辑（刚性逻辑），在刚性逻辑之外为柔性逻辑。从 O 点延伸的 4 个坐标轴代表 4 种不确定性：命题真度估计误差的不确定性、命题之间广义相关性的不确定性、命题之间相对权重的不确定性、在组合运算中决策阈值的不确定性。从上述 4 个维度出发，这些模式都可用布尔逻辑算子组来描述，也可用 M-P 模型来描述。何华灿教授提出了 20 种柔性逻辑关系，结合空间故障网络理论中的事件间逻辑关系给出了对应的 20 种事件发生逻辑关系形式。进一步分析各逻辑关系的作用，其中 $Z = \rightarrow(x \leftrightarrow y)$ 非等价（$P(q_x, q_y) = 1 - q_x$ or q_y）和 $Z = x \leftrightarrow y$ 等价（$P(q_x, q_y) = q_x$ or q_y）两种情况导致事件作用对称或相等，在分析中难以进一步区分；$Z = \rightarrow(x \copyright^e y)$ 非组合和 $Z = x \copyright^e Y$ 组合两种情况需要引进条件变量。因此，上述 4 种事件发生逻辑关系不属于统一表达式研究范围，其余 16 种事件发生逻辑关系式如表 4-5 所示。

表 4-5 中给出了 16 种事件发生逻辑关系式，这些关系式代表了事件之间在系统故障演化过程中的发生逻辑关系，即原因事件以何种关系导致结果事件，是作者根据各逻辑描述转化得到的。由于任何多元逻辑关系都可表示为二元逻辑关系的叠加，因此，表中只给出了两原因事件（x 和 y）导致结果事件的概率表达形式 L。例如，两原因事件的发生概率分别为 $q_x = 0.1$ 和 $q_y = 0.2$，那么根据第 16 条关系，由这两个原因事件导致结果事件的发生概率为 $L_{16}(q_x, q_y) = q_x q_y =$

表 4-5　16 种事件发生逻辑关系式

编号	关系模式分类	逻辑描述	事件发生逻辑关系式	叠加态
1	0=(0,0);0=(0,1); 0=(1,0);0=(1,1)	Z=0 恒假	$L_1(q_x \cdot q_y)=0$	$\lvert 0001\rangle$
2	1=(0,0);0=(0,1); 0=(1,0);0=(1,1)	Z=¬(x∨y) 非或	$L_2(q_x \cdot q_y)= 1-q_x-q_y+q_x q_y$	$\lvert 0101\rangle$
3	1=(0,0);1/2=(0,1); 1/2=(1,0);0=(1,1)	Z=¬(x◎y) 非平均	$L_3(q_x \cdot q_y)= 1-(q_x/2+q_y/2)$	$\lvert 0011\rangle$
4	0=(0,0);1=(0,1); 0=(1,0);0=(1,1)	Z=¬(y→x) 非蕴含2	$L_4(q_x \cdot q_y)= q_y-q_x q_y$	$\lvert 1001\rangle$
5	1=(0,0);1=(0,1); 0=(1,0);0=(1,1)	Z=¬x 非x	$L_5(q_x \cdot q_y)= 1-q_x$	$\lvert 1101\rangle$
6	0=(0,0);0=(0,1); 1=(1,0);0=(1,1)	Z=¬(x→y) 非蕴含1	$L_6(q_x \cdot q_y)= q_x-q_x q_y$	$\lvert 1011\rangle$
7	1=(0,0);0=(0,1); 1=(1,0);0=(1,1)	Z=¬y 非y	$L_7(q_x \cdot q_y)= 1-q_y$	$\lvert 1111\rangle$
8	1=(0,0);1=(0,1); 1=(1,0);0=(1,1)	Z=¬(x∧y) 非与	$L_8(q_x \cdot q_y)= 1-q_x q_y$	$\lvert 0111\rangle$
9	0=(0,0);1=(0,1); 1=(1,0);1=(1,1)	Z=1 恒真	$L_9(q_x \cdot q_y)=1$	$\lvert 0000\rangle$
10	0=(0,0);1=(0,1); 1=(1,0);1=(1,1)	Z=x∨y 或	$L_{10}(q_x \cdot q_y)= q_x+q_y-q_x q_y$	$\lvert 0100\rangle$
11	0=(0,0);1/2=(0,1); 1/2=(1,0);1=(1,1)	Z=x◎y 平均	$L_{11}(q_x \cdot q_y)= q_x/2+q_y/2$	$\lvert 0010\rangle$
12	1=(0,0);0=(0,1); 1=(1,0);1=(1,1)	Z=y→x 蕴含2	$L_{12}(q_x \cdot q_y)= 1-q_y+q_x q_y$	$\lvert 1000\rangle$
13	0=(0,0);0=(0,1); 1=(1,0);1=(1,1)	Z=x 指x	$L_{13}(q_x \cdot q_y)= q_x$	$\lvert 1100\rangle$
14	1=(0,0);1=(0,1); 0=(1,0);1=(1,1)	Z=x→y 蕴含1	$L_{14}(q_x \cdot q_y)= 1-q_x+q_x q_y$	$\lvert 1010\rangle$
15	0=(0,0);1=(0,1); 0=(1,0);1=(1,1)	Z=y 指y	$L_{15}(q_x \cdot q_y)= q_y$	$\lvert 1110\rangle$
16	0=(0,0);0=(0,1); 0=(1,0);1=(1,1)	Z=x∧y 与	$L_{16}(q_x \cdot q_y)= q_x q_y$	$\lvert 0110\rangle$

$0.1 \times 0.2 = 0.02$。

　　进一步分析上述 16 种关系之间存在的联系,表 4-5 中左侧都是逆向关系,而表的右侧都是正向关系,这样对关系进行第一次划分,而两部分的逻辑关系是直接线性相关的。在分析右侧 8 种逻辑关系,也可分为两部分,$\{9,10,12,13\}$ 为一组,$\{11,16,14,15\}$ 为另一组,这两组之间存在一定的逻辑对应关系,但非线性。根据上述分析将事件发生逻辑表示为多量子叠加态,设 $|00\rangle$ 表示 L_9,$|01\rangle$ 表示 L_{10},$|10\rangle$ 表示 L_{12},$|11\rangle$ 表示 L_{13};那么 $|000\rangle$ 表示 L_9,$|010\rangle$ 表示 L_{10},$|100\rangle$ 表示 L_{12},$|110\rangle$ 表示 L_{13},对应的 $|001\rangle$ 表示 L_{11},$|011\rangle$ 表示 L_{16},$|101\rangle$ 表示 L_{14},$|111\rangle$ 表示 L_{15};那么 $|0000\rangle$ 表示 L_9,$|0100\rangle$ 表示 L_{10},$|1000\rangle$ 表示 L_{12},$|1100\rangle$ 表示 L_{13},$|0010\rangle$ 表示 L_{11},$|0110\rangle$ 表示 L_{16},$|1010\rangle$ 表示 L_{14},$|1110\rangle$ 表示 L_{15},对应的 $|0001\rangle$ 表示 L_1,$|0101\rangle$ 表示 L_2,$|1001\rangle$ 表示 L_4,$|1101\rangle$ 表示 L_5,$|0011\rangle$ 表示 L_3,$|0111\rangle$ 表示 L_8,$|1011\rangle$ 表示 L_6,$|1111\rangle$ 表示 L_7。

4.5.3　事件发生柔性逻辑统一表达式构建

　　单量子态的 $|0\rangle$ 和 $|1\rangle$ 表示两种极化状态,即为两种极端形式,对应于事件发生逻辑的两种极限状态为完全符合逻辑和完全不符合逻辑。如果设 $|\mu\rangle$ 是 L_{16},那么完全符合 L_{16} 逻辑时 $\alpha_0^2 = 1$,$\alpha_1^2 = 0$,$|\mu\rangle = 1 \times |0\rangle + 0 \times |1\rangle$;完全不符合 L_{16} 逻辑 $\alpha_0^2 = 0$,$\alpha_1^2 = 1$,$|\mu\rangle = 0 \times |0\rangle + 1 \times |1\rangle$。

　　对应于表 4-5 中 16 条逻辑关系,可统一通过概率幅进行表示,$\alpha_{0000} \sim \alpha_{1111}$ 分别为上述 16 个关系的概率幅,16 种关系的出现概率分别为 $\alpha_{0000}^2 \sim \alpha_{1111}^2$,且满足 $\alpha_{0000}^2 + \cdots + \alpha_{1111}^2 = 1$。当 $\alpha_{0000}^2 \sim \alpha_{1111}^2$ 大于 0 且值越大时,代表对应逻辑关系越明显;当 $\alpha_{0000}^2 \sim \alpha_{1111}^2$ 为 0 时,表示没有对应逻辑关系。那么,4 量子态叠加的柔性逻辑统一表达式,对于两事件而言如式(4-28)所列。

$$
\begin{aligned}
P(q_x, q_y) = {} & \alpha_{0000}^2 L_9(q_x, q_y) + \alpha_{0100}^2 L_{10}(q_x, q_y) + \alpha_{1000}^2 L_{12}(q_x, q_y) + \\
& \alpha_{1100}^2 L_{13}(q_x, q_y) + \alpha_{0010}^2 L_{11}(q_x, q_y) + \alpha_{0110}^2 L_{16}(q_x, q_y) + \\
& \alpha_{1010}^2 L_{14}(q_x, q_y) + \alpha_{1110}^2 L_{15}(q_x, q_y) + \alpha_{0001}^2 L_1(q_x, q_y) + \\
& \alpha_{0101}^2 L_2(q_x, q_y) + \alpha_{1001}^2 L_4(q_x, q_y) + \alpha_{1101}^2 L_5(q_x, q_y) + \\
& \alpha_{0011}^2 L_3(q_x, q_y) + \alpha_{0111}^2 L_8(q_x, q_y) + \alpha_{1011}^2 L_6(q_x, q_y) + \\
& \alpha_{1111}^2 L_7(q_x, q_y)
\end{aligned}
$$

$$(4\text{-}28)$$

　　由于式(4-28)表达了两原因事件导致结果事件的发生概率,因此 $P(q_x, q_y)$ 必须在 $[0,1]$ 范围内。由于 $L_{1\sim16}$ 表示某一逻辑关系的结果,而 q_x 和 q_y 代表了两原因事件的发生概率,因此 $L_{1\sim16}$ 通过 q_x 和 q_y 的逻辑运算后其值必然在 $[0,1]$;又由于 $\alpha_{0000}^2 + \cdots + \alpha_{1111}^2 = 1$,那么式(2)得到的 $P(q_x, q_y)$ 的值必然在 $[0,1]$,因此符合对事件发生概率的定义。进一步地讲,由于表 4-5 中左右两列的逻辑关系相反,左侧事件发生逻辑关系式可用右侧表示,因此事件发生柔性逻辑统一表达式中可去掉概率幅下角标最后一位是 1 的所有项。这不会影响表达式的结果,同时能减少 1 个量子位,因此式(4-28)可表示为式(4-29)。

$$P(q_x, q_y) = \alpha_{000}{}^2 L_9(q_x, q_y) + \alpha_{010}{}^2 L_{10}(q_x, q_y) + \alpha_{100}{}^2 L_{12}(q_x, q_y) +$$
$$\alpha_{110}{}^2 L_{13}(q_x, q_y) + \alpha_{001}{}^2 L_{11}(q_x, q_y) + \alpha_{011}{}^2 L_{16}(q_x, q_y) +$$
$$\alpha_{101}{}^2 L_{14}(q_x, q_y) + \alpha_{111}{}^2 L_{15}(q_x, q_y) \tag{4-29}$$

式(4-29)给出了更为简洁且必要的事件发生柔性逻辑统一表达式,使用 3 量子态叠加的形式即可进行表达。将表 4-5 中对应的事件发生逻辑关系式代入式(4-29),得到最终形式如式(4-30)所列。

$$P(q_x, q_y) = \alpha_{000}{}^2 + \alpha_{010}{}^2 (q_x + q_y - q_x q_y) + \alpha_{100}{}^2 (1 - q_y + q_x q_y) + \alpha_{110}{}^2 q_x +$$
$$\alpha_{001}{}^2 (q_x/2 + q_y/2) + \alpha_{011}{}^2 q_x q_y + \alpha_{101}{}^2 (1 - q_x + q_x q_y) + \alpha_{111}{}^2 q_y \tag{4-30}$$

这时,$\alpha_{000}{}^2 + \alpha_{010}{}^2 + \alpha_{100}{}^2 + \alpha_{110}{}^2 + \alpha_{001}{}^2 + \alpha_{011}{}^2 + \alpha_{101}{}^2 + \alpha_{111}{}^2 = 1$。由上述分析可知,对于给定的多种柔性逻辑关系,当考虑两原因事件导致结果事件的逻辑关系,即通过两个原因事件发生概率确定结果事件发生概率时,可使用式(4-30)确定结果事件发生概率。可以只考虑其中 8 种关系性较弱的独立逻辑关系进行组合形成事件发生柔性逻辑统一表达式,是 8 种逻辑关系叠加的共存状态。实际上,在系统故障演化过程中,很难完全确定两事件间逻辑关系属于哪一种,多数情况下更偏重于主要属于哪一种或属于哪几种逻辑关系。式(4-30)具有同时表示这 8 种逻辑关系的能力,该式只针对两事件作为原因事件导致的结果事件。当多原因事件导致结果事件时,可根据任意多逻辑关系可拆分成两两逻辑关系的性质进行叠加,3 个事件 a、b、c 可表示为 $P_{abc}(q_a, P_{bc}(q_b, q_c))$ 的形式进行计算。而另外两个要面对的问题是原因事件基本发生概率的确定,其获得方法在安全系统工程领域有很多,这里不再赘述;各事件发生逻辑关系的出现概率 α_{000}^2 ~ α_{111}^2 具体值,其确定更为困难,可结合因素空间和空间故障树理论的因素分析法和系统功能结构分析法等,在一定程度上予以解决。

4.5.4 相关研究

(1)空间故障网络结构化表示的事件间柔性逻辑处理模式研究

由于空间故障网络形成的 SFN 需要进行结构化表示和分析,而结构化分析中需要处理原因事件以不同逻辑形式导致结果事件的情况。因此,重点需要解决原因事件与结果事件的全部逻辑关系以及使用事件故障概率分布表示这些逻辑关系的等效方法。本书将柔性逻辑处理模式与事件发生逻辑关系进行等效转化,考虑故障树经典"与,或"关系,设柔性逻辑处理模式中"与,或"关系与故障演化过程中"与,或"关系对应的事件故障概率分布计算方式等价,从而推导出 20 种逻辑在系统故障演化过程中的表达方式。通过实例说明逻辑关系的使用和计算方法,为得到边缘事件与最终事件的演化过程分析式和演化过程计算式奠定逻辑基础,也为故障演化过程逻辑描述和 SFN 结构化方法的计算机智能处理奠定基础。

（2）空间故障网络的柔性逻辑描述

① 研究 SFN 的柔性逻辑表示方法,从而建立 SFEP 的智能分析理论基础。使用 SFN 描述和研究 SFEP 存在的问题,其于 SFEP 特点,对其进行描述和研究存在的问题主要有因素的不确定性、数据的不确定性和 SFEP 本身的逻辑关系,以及它们出现的原因。

② 论述柔性逻辑情况,给出泛逻辑学的基本目的和基本形式。使用柔性逻辑描述和研究 SFEP 的优势,从而对 SFN 进行柔性逻辑表示,同时论述了 SFN 的柔性逻辑具体描述方法。根据 SFEP 和 SFN 特征,给出了柔性逻辑描述方法,包括 SFN 最基本单元描述、事件发生关系描述和 SFN 结构描述。

③ 研究 SFN 中与、或和传递关系转化为柔性逻辑关系的方式。首先将原因事件和传递概率设置为 SFN 柔性逻辑基本单元,其结果作为本次结果事件状态和下次原因事件状态;其次结合 SFN 柔性逻辑关系组,即可得到 SFN 最终事件状态。柔性逻辑的 20 种形式都可进行类似转化,在丰富 SFN 事件发生逻辑关系的同时,也使 SFN 具备了使用泛逻辑方法论的基础。

（3）不确定性系统故障演化过程的三值逻辑系统与三值状态划分。

① 提出用于 SFEP 的三值逻辑系统,并给出真值表。首先论述了 SFEP 和 SFN 在面对不确定性问题时的困境,说明在 SFN 分析过程中,三值逻辑系统存在的必要性;其次论述了目前三值逻辑系统、算子及真值表的情况以及三值逻辑与 SFEP 中事件状态的对应关系。

② 给出适用于 SFEP 和 SFN 的三值逻辑系统以及 SFEP 的 4 种逻辑,包括"非"、"与"、"或"和"传递"。这 4 种逻辑运算共同组成了 SFEP 的三值逻辑系统,并着重展示了未知♯状态时的逻辑状态变化和真值表,表示 SFEP 中事件状态的不确定性。给出了传递状态为 1 和传递状态为三值的两种 SFEP 三值逻辑关系组。通过实例展示并验证了所给三值逻辑系统对 SFN 的演化推理过程。

③ 针对实例 SFN 形成了三值逻辑关系组,进一步得到最终事件的三值逻辑状态表达式。五个边缘事件状态形成的向量在三值逻辑下有 243 个,经过分析得到对应的最终事件三值状态分别是:135 个发生,14 个不发生,94 个未知。首次将多值逻辑引入 SFEP 研究,也是智能科学与安全科学理论的重要交叉研究,是用多值逻辑处理 SFEP 研究的开始。

（3）系统多功能状态表达式构建及其置信度研究

① 论述系统多功能状态评价结果的置信度问题。对系统可靠性或失效性的确定实际是对系统某种功能状态的确定性分析。这种确定性中必然包含由于数据及系统结构造成的误差,导致系统功能状态评价结果的不确定性。那么,当需要分析系统的多个功能时,这种不确定性更为复杂,因此如何确定该情况下系统多功能状态评价结果是否与实际情况相符,即系统多功能状态置信度问题。

② 给出系统单功能状态表示及其置信度确定方法。具体分为两种:一是联系数的系统功能状态表示,各功能都有自己的表达式,使用三元联系数表达式确定同异反分量,使用二元联系数表达式得到确定和不确定分量;二是量子态叠加的系统功能状态表示,将功能状态叠加为一个表达式,通过确定和不确定分量得到该功能状态置信度,获得系统多功能状态表达式及置信度确定方法。基于系统单功能状态量子表达式,系统多功能状态研究了两种和三种功能的系统多功能状态量子表达式的特点,进而总结系统多功能状态表达式,并以状态概率幅的平方作为对应状态的置信度。最终,通过实例计算出系统功能状态评价结果的置信度。

4.6 本章小结

空间故障网络理论是空间故障树理论体系研究的第三阶段。在研究过程中,树形结构早于网络结构出现,但网络结构较树形结构更适合于描述系统故障演化过程。因此,树形结构只是网络结构的一种特例,只能描述少部分的系统故障演化过程。本章介绍了空间故障网络与系统故障演化过程;论述了现有研究中使用空间故障网络描述和研究系统故障演化过程的方法和思路;总结了现阶段空间故障网络的研究成果,着重展示了最新成果,即利用量子方法和集对分析方法描述和研究系统故障演化过程。这些研究包括量子博弈的系统故障状态表示和故障过程分析、集对分析和空间故障网络的故障模式识别与特征分析、量子方法与系统安全分析等。研究发现,量子力学中的量子叠加态特别适合描述系统故障演化过程中的系统功能状态变化。这将成为今后研究的一个重点方向,以作为空间故障网络理论的一个分支。

第 5 章　系统运动空间与系统映射论

在研究安全科学的安全系统工程领域问题时,系统可靠性是其中最为关键的。但是,研究过程中总是出现建立的模型或系统无法完全对应自然系统的问题。随着研究的深入,逐渐提出了空间故障树理论,智能化的空间故障树和空间故障网络理论。虽然本书引入了智能科学、数据技术、信息论和系统科学的方法,但是仍然存在人工系统难以等效自然系统的鸿沟。

汪培庄教授提出的因素空间和人机认知体是一种试图解决上述困境的方法,被认为是智能科学的数学基础。钟义信教授提出的机制主义的信息生态方法论也成为解决上述问题的有效方法论。在研究系统可靠性过程中,本书对上述问题做了探索性介绍,并在已有研究基础上,提出了系统运动空间和系统映射论,使用它们描述自然系统和人工系统之间的关系。在空间故障树框架内,使用系统结构分析方法和属性圆方法,可研究以可靠性为目标的系统运动状态,得到适合但不充分的人工系统[136-142]。

5.1　问题的提出

安全科学囊括了众多工业、农业、服务业领域,也兼具了自然科学和社会科学的属性,涉及各方面的技术和理论。总之,安全科学就是研究一切与安全相关的事项。那么,安全是什么? 一般来说,安全是指没有受到威胁、没有危险、危害、损失,不存在危险、危害的隐患,是免除不可接受的损害风险的状态。安全是在人类生产过程中,将系统的运行状态对人类的生命、财产、环境可能产生的损害控制在人类能接受水平以下的状态。

综上所述,安全应该是系统的一种状态,是在保证系统功能前提下的,不发生人们不能接受情况的一种状态。通俗地讲,安全是保证系统正常运行,而不发生故障和事故的一种状态。而安全科学就是研究系统保证安全状态的所有思想、理论、方法和措施的集合。那么，安全科学的核心问题就是系统所需的安全状态。系统在这种安全状态下，完成规定功能的能力，就是系统科学中的可靠性问题。因此，安全科学的核心问题就是系统可靠性问题。系统安全性的变化，即等效为系统可靠性的变化。那么，一切安全问题就可抽象为系统可靠性问题。系统安全状态的变化，抽象为系统可靠性的变化，进一步抽象为系统状态变化，即系统运动过程。

主要问题在于，将系统的安全逐步抽象为系统运动，如何研究系统的运动。当然，这不能通过微分方程描述系统的运动。这里系统运动指系统受到刺激，系统的形态、行为、结构、表现等的变化。那么，在研究系统运动之前，需要解决如下一些问题：如何描述系统的变化；什么是系统变化的动力；系统变化通过什么表现；系统变化如何度量。这些问题是研究系统运动的最基本问题，其解决涉及众多领域，包括安全科学、智能科学、大数据科学、系统科学和信息科学等。本书在借鉴了汪培庄教授和钟义信教授分别提出的因素空间理论和信息生态方法论基础上，结合空间故障树理论，初步地实现了系统运动的描述和度量问题，并将这些思想落脚于安全科学的系统可靠性研究领域。

5.2　系统运动空间

作为描述系统运动的基础，首先给出系统运动空间的定义和示意图，如图 5-1 所示。

定义 5.1　系统运动：系统受到一些因素的刺激，系统的形式、结构、组成、行为和表象的变化，统称为系统运动。

这里的系统运动与以往系统论和控制论中的系统运动不同，强调受影响后的系统变化的过程和状态。而系统本身则是概念系统和实体系统的更为高级的抽象，代表系统的最基本共性，包括系统基本组成部分——元件；基于元件组成系统的结构；和系统存在的意义——系统的目的，也包括系统受到作用的因素和产生变化的数据。

定义 5.2　系统运动空间：以系统代表的球型区域为中心，以系统的不同方面或研究角度形成二维平面，这些二维平面围绕系统球，由一个系统球和多个平面组成的空间为系统运动空间。

系统运动空间是由一个系统和多个平面组成的。该系统与所要研究的与系统相关的平面组成了研究该系统的空间域。当然，一个系统运动空间可以容纳

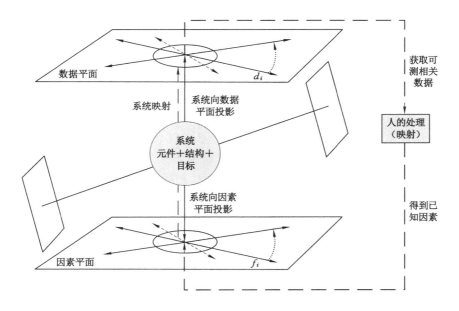

图 5-1 系统运动空间

无数个系统和平面,只要系统之间存在联系即可。平面之间除系统的联系外,不发生联系。

定义 5.3 系统球:将系统等效为系统运动空间的球体,以便进行系统运动的度量,其半径为 1。

系统球内部封装了系统的元件、结构和目的。

定义 5.4 平面:系统运动空间中,与系统相关的一类事项或研究方面存在的形式。

定义 5.5 投影:从系统球到平面的投影,代表该系统在平面相关的事项或方面的变化情况。

如图 5-1 所示,系统受到的作用因素是系统球的向下投影,投影到因素平面得到半径为 1 的圆;向上投影到数据平面,得到系统散发出的数据,形成半径为 1 的圆。

定义 5.6 属性圆:系统球投影到平面的圆形,半径为 1。

属性圆是作者在空间故障树理论框架下提出的一种表示对象属性的方法。由于属性圆给出了严格的性质和度量,因此属性圆可容纳一个对象的无数个因素。进一步地来讲,可以进行对象之间关系的定量计算。因此,引入属性圆尝试进行系统运动的度量和定性定量分析。在图 5-1 中,影响系统的因素很多,因素平面内属性圆中的射线代表这些因素,当然在属性圆中进行了归一化,其范围在属性圆内部;数据平面内属性圆的射线代表各类数据,可以是定性、定量、范围和模糊数据。

系统运动空间的提出目的在于,在更高抽象程度时,表示系统的最一般性。系统内部包括元件、结构和系统目的。而外部则是系统受到的作用和表现出来的响应,当然这些作用和响应很多。本书研究的作用于系统的因素和系统,表现出的数据就是系统的两个事项和方面,前者是作用,后者是响应。当然系统运动空间可以表示多个关联的系统,但这里只研究因素—系统—数据之间的关系。因此,建立了一个系统球和两个平面(因素平面和数据平面)。

5.3　系统映射论与人的智慧活动

5.3.1　系统映射论

自然状态下的系统是指不受任何人的主观干扰下的系统,根据自然界自身法则运行的系统。这类系统与人是否存在无关,根据自身运行机制和规则对自然的影响进行响应。

定义 5.7　自然系统:在自然状态下,遵守自然规则调节自身与自然之间的关系的系统。

自然系统是天然存在的,其产生和灭亡都遵循自然规律。自然系统存在于自然环境之中,它接受外部环境因素的作用。由于这些作用使系统产生了变化,包括系统形式、结构、组成、行为和表象的变化,因此环境因素是系统运动的动力。

那么,系统的内在因素——元件、结构和目标是系统内在的固有因素。由于外部环境因素的作用,使系统内部元件和结构产生变化,才使系统的表象发生变化。而系统表象发生的变化是通过自然系统表现出来的运动形式和存在方式改变显现的。进一步地讲,系统运行方式和存在的变化是通过数据信息的形式散发出来的。因此,人可感知系统存在及变化的途径就是数据信息。那么,根据系统目标,数据信息可分为不相关数据信息和相关数据信息。相关数据信息包括可测相关信息和不可测相关信息。

定义 5.8　不相关数据信息和相关数据信息:不相关数据信息指自然系统由于外界因素的作用散发出来的与系统目标不相关的信息;相关数据信息指自然系统由于外界因素的作用散发出来的与系统目标相关的信息。

定义 5.9　可测相关信息和不可测相关信息：相关信息中，那些可以被现有技术感知、捕获和分析的信息称为可测信息；那些不能被感知、捕获和分析的信息称为不可测信息。

如图 5-1 所示，数据平面上的实线代表可测相关数据，虚线代表不可测相关数据。

同理，在因素平面内也存在相关因素和不相关因素，相关因素又可分为可调节因素和不可调节因素。

定义 5.10　相关因素和不相关因素：相关因素指影响系统目标，使系统发生运动的因素；不相关因素指虽然使系统产生了运动，但并不影响系统目标。

定义 5.11　可调节因素和不可调节因素：在相关因素中，人们现有技术水平可以调节的因素，使其向着有利于目标的方法发展；反之，现有技术水平不可调节的因素为不可调节因素。

自然系统的影响因素是所有自然因素的全集，由于影响系统运动散发出来的数据是系统相关的所有数据。上述定义都是建立人工系统给出的。因此，它们都是自然因素全集和数据全集的子集。

综上所述，图 5-1 给出的在数据平面和因素平面及其之间的自然系统组成了一个映射机制。该机制从因素全集开始，经过系统，转换为数据全集。那么，自然系统则可视为从因素全集到数据全集的映射，即系统映射论。

5.3.2　人的智慧活动

人的智慧活动是感知自然、认识自然和改造自然的过程。感知是感知自然系统的存在和运动；认识自然是通过自然系统感知得到数据的处理，形成规律；改造自然则是人们使用这些规律影响和作用自然系统的过程。

定义 5.12　人工系统：人们通过感知自然和认识自然得到的规律、知识来建立的符合自然规律，且带有明确目的的系统。在系统映射论中，人工系统是概念系统和物质系统的抽象。

在图 5-1 中，人的智慧活动在因素和数据平面之外。可以看出，人的智慧活动处理的是可测相关数据，通过智能处理得到知识形成人工系统，最终通过可影响自然的可调节因素作用自然和改造自然。那么，人的智慧过程主要是形成人工系统，人工系统是所掌握知识的一种体现，是人模仿自然规律形成的数学模型、思想、机构等。因此，人工系统是自然系统的模仿。

5.3.3　人工系统与自然系统

自然系统存在于自然之中，无论人是否存在，都将按照自然规律运行下去。

而人工系统则是人们通过了解自然系统得到知识后的仿制系统,但这种仿制存在着天然的缺陷。

由图 5-1 可知,人工系统起源于自然系统运动过程中散发数据全集中的可测相关数据。人们通过自身知识和理解对其抽象形成人工系统。人们通过人工系统改造自然,而现有技术只能利用其中的可调节相关因素。因此,人工系统对天然系统的等效总是存在着误差,与我们观测到的可测相关数据不同;同时,人工系统处理和得到的只是全部自然因素和数据的一小部分。距离展示自然系统,完成人工系统到自然系统的功能逼近相距甚远。另外,自然系统是因素全集到数据全集的映射,而人工系统是可测相关数据到可调节因素的映射,两者映射方向相反。加之两种系统的数据差距较大,甚至不在同一维度,而且映射也难以保证一一对应的满射。然而,不同的技术水平对系统的认识不同,人们永远无法了解自然系统的因素全集和数据全集。随着技术的发展,人们对自然系统的认识逐渐深入,可了解更多因素和数据,但同时也会出现更多的因素和数据。主要结论如下:

(1)人工系统得到的实验数据永远与自然系统相同状态下得到的数据存在误差。

(2)人工系统的功能只能模仿自然系统功能的一部分。

(3)人工系统只能无限趋近于自然系统而无法达到。

5.3.4　人工系统的内部结构

真实的自然系统如何运作,因素全集和数据全集我们无法知晓,所以只能从人工系统入手,从而研究自然系统。那么,人工系统是如何形成的呢?如前文所述,从可测相关数据到可调节因素的映射即为人工系统,可测相关数据再通过人的智能认识和处理可形成数学模型。因此,该数学模型如何代表人工系统,是值得研究的问题。

首先使用最简单的例子,经过大量的自然观测,发现某个器件的故障率与时间相关。然后统计数据,将时间作为自变量,故障率作为因变量得到了一个拟合多项式。该多项式就是故障率与时间的函数关系,是一个数学模型,也是人工系统。那么,多项式中的自变量就是影响系统的因素,而这个多项式的结构就是人工系统本身的结构。因此,该人工系统的目标是研究系统故障率,系统元件和系统结构共同组成了多项式。

人工系统的实现方法很多,中心思想都是通过可测相关数据与相关因素的对应关系得到的,从而模仿自然系统,如传统的物理学和化学,往往通过试验数据构造经验公式。公式中的变量为因素,公式的结构则是系统的结构,进而模拟物理系统和化学系统在自然界中的运动规律。近代的各种数学方法,如模糊数学、集对分析、可拓学、粗糙集等,就是满足人们更深层次了解自然系统和构建自然系统而产生的。通过这些数学方法对单纯的物理化学观测数据进行提升,进一步形成层次更深的人工系统来模仿自然系统。进一步发展,出现了当代智能科学的三大流派,他们以人脑为自然系统展开研究。首先,结构主义流派认为人脑的核心及其处理问题的能力来源于人脑的结构,提出了模拟人脑结构的神经元数理逻辑并最终发展成为神经网络模型。通过神经元和传递函数模拟人脑结构,再通过可测相关数据建立适合的神经网络,从而来判断和预测结果。神经网络作为人工系统,主要模拟了系统的结构,而忽略了系统的元件和目标,只能分析可测相关数据不能得到相关因素。其次,由于神经网络的局限和缺点,功能主义流派诞生,认为人脑的功能是核心问题,形成了物理符号系统后逐渐退化为专家系统。处理可测相关数据得到相关因素,但是忽略了系统内部的元件和结构,目标是达到与人脑受到因素作用后的相同响应。最后,基于客体行为的行为流派诞生了,通过感知客体的运行和行为来模拟智能行为。他收集和感知自然系统运动过程的可测相关数据,模拟自然系统的响应,得到可调节因素,从而采取相应的行为调节因素作用于自然系统。

　　经典物理化学只完成了可测相关数据的简单分析,得到了最为朴素的数学模型即人工系统。而现代数学方法是结合可测相关数据和经典科学基础上,通过更深层次的自然系统分析,可得到更为接近的人工系统。智能科学方法从不同角度模拟人脑自然系统的各个方面,虽然不能完全等效,但也实现了对自然系统的进一步逼近。从人类发展的角度,这些都是基于机械还原论的分而治之方法,也是人类建立人工系统立足点、技术手段和哲学原理限制的原因(如前文论述),人们从根本上得到的人工系统不可能等效自然系统。由此可见,人工系统得到的是基于观测数据的一种拟合和等效。也许自然系统并不是人工系统的结构,而是一种系统响应的等效。又由于自然系统和人工系统的映射方向不同等原因,必将导致人工系统难以接近自然系统。

5.3.5　系统可靠性分析的人工系统

　　作者主要对安全科学中的系统可靠性问题进行了研究,提出了空间故障树理论,进行了智能化改造,并进一步提出了空间故障网络理论。整个理论体系的核心是系统可靠性与影响因素的关系。那么,空间故障树理论研究自然因素影响后,系统表现出来的变化即为故障数据及其变化。因此,想要构建与自然系统相对应的人工系统,就必然需要了解系统内部的元件和结构。作者以系统可靠性为系统的目标,建立了一套系统结构分析方法。其研究内容包括:系统结构反分析(因素结构反分析和元件结构反分析)、系统功能结构分析、系统功能结构最简式和功能结构最小化原理。该研究发展过程也是人工系统在不同层次逼近自然系统的过程,这些工作为人工系统得到适合的系统元件和结构提供了有效方法。

研究系统可靠性的变化时,理想的研究对象是自然系统的可靠性,并在系统运动空间中进行研究。但自然系统是无法获得的,只能通过趋近的人工系统进行研究,进一步对系统运动空间中表现出来的系统运动进行定性和定量描述。自然系统是从因素全集到数据全集的映射,但人们无法获得因素全集和数据全集,只能得到可调节因素和可测相关数据。因此,通过系统运动空间方法得到的系统仍是人工系统。

该人工系统在因素平面内和数据平面内投影分别得到两个属性圆。属性圆是在空间故障树框架内的对象与因素关系的定性定量表示方法。人工系统的分析首先通过可调节因素,改变因素状态,对应的自然系统将发生运动,散发出数据信息,感知后形成可测相关数据集。可调节因素集和可测相关数据集表示在因素和数据平面内的属性圆,在因素变化的同时数据发生相应变化。通过属性圆各个属性的域线变化,即可实现定性定量分析,进一步通过得到的因素属性圆变化和数据属性圆的变化,结合已有的系统结构分析方法得到系统元件及其结构。该过程为系统运动空间和映射论在系统可靠性研究领域的实现,是该理论在具体科学领域中的应用。

汪培庄教授提出的因素空间理论中,提到了人机认知体的概念,这个概念是另一条使人工系统趋近于自然系统的方法途径。另外,钟义信教授提出的机制主义的信息生态方法论,也将人工系统逼近自然系统。对于这两种方法也是值得我们研究和借鉴的,这里不再详述,详见文献[143-152]。

上述内容不仅研究了系统运动中的一些基本问题,还提出了系统运动空间和系统映射论。可以肯定的是,系统运动空间的建立解决了一些科学研究过程中的系统层面问题。本书论述了人们建立的人工系统为何总是存在误差的问题,以及为何人工系统无法等效于自然系统;同时,相关文献也解释了系统生命周期的必然性,以及哲学上物质不灭与存在必将灭亡这样看似矛盾实则统一的论述。

系统运动空间是系统的高度抽象,是描述系统运动的普适框架和模型。今后,学者们应将研究范围具体落脚于安全科学中的系统可靠性领域,使用系统运动空间对其进行定性和定量研究。

5.4　相关研究内容

（1）安全科学中的故障信息转换定律

从信息科学的信息生态系统方法论出发，研究将该方法论结合智能科学数学基础的因素空间理论，最终将安全科学的系统可靠性问题作为落脚点，研究三者融合的可能性，即安全科学中的故障信息转换定律。

① 总结已有文献给出信息生态系统的论述和定义，研究智能的机制主义及数学原理与安全信息处理相融合的可能性。

② 首先将信息生态方法论作为安全科学中系统可靠性研究领域故障信息处理的方法论；其次将因素空间理论作为故障信息智能处理的数学基础；最后将空间故障树理论作为上述两种思想的具体实现平台和安全科学领域的切入点。

③ 分析三者融合的可行性及其意义。在空间故障树框架内重新诠释信息转换定律，即故障信息转化定律。

④ 给出相关定义及其解释，同时给出本体论故障信息 - 认识论故障信息 - 故障知识 - 智能安全策略 - 智能安全行为的故障信息转化定律。

（2）系统运动的动力、表现与度量

① 结合信息生态方法论、因素空间和空间故障树，研究了系统运动的动力、表现和度量，最终落实于系统可靠性的研究中。

② 提出安全科学核心问题是系统可靠性的论断。安全科学研究的主要内容是系统出现不期望现象的科学，即研究系统出现故障、事故以及相应的前期预测和后期处理措施。那么，其核心问题是研究故障和事故，这些都可以视为系统可靠性变化问题。因此，系统可靠性是安全科学的核心问题。系统运动的动力是因素及其变化。外部环境因素是系统运动的主要动力来源。

③ 分析系统在自然环境下的运动规律。无论环境是否有利于系统向着目标发展，系统必将走向瓦解或消亡，只是系统瓦解的层次深度不同。系统运动的表现是数据及其变化，人们感知系统的存在是通过系统运动过程中表现出来的数据及其变化诠释的。因此，人们了解系统是源于对其散发的数据信息进行感知、捕获、分析，最终形成知识在作用于系统的过程。度量系统运动使用空间故障树理论中的属性圆方法。属性圆可使用二维平面在极小范围内表示对象的无限因素和各类数据，是运动系统变化程度度量的有效方法。

④ 建立系统运动空间，利用多个平面代表系统的不同侧面，因素和数据只是其中两个。人的智能处理是源于可测相关数据，得到已知因素来了解和调节

系统。自然系统是全部因素的作用,导致运动过程表现出的全部数据信息。人的智慧处理是可测相关数据到已知因素的映射,自然系统是全部因素到全部数据的映射。前者得到的模型是后者的一部分,是片面的;前者只能趋近于后者,而无法达到。

（3）系统运动空间中的系统结构识别

① 论述了作为基础的系统运动空间和系统映射论,给出了已有定义和必要的解释。

② 说明了人工系统与自然系统的关系和哲学思想。

③ 在系统运动空间内进行系统结构的定性识别,论述了定性识别的基本原理。

④ 通过改变因素状态和对应数据状态的改变情况,使用系统功能极小化原理,得到了数据与因素的定性关系式。这种关系可能不是实际的人工系统内部结构,而是功能相同的等效最简结构。

⑤ 在定性识别的基础上进行定量识别,使用属性圆方法对因素进行定量调节,同时得到数据的相应变化量,借此通过参数反演得到待定系数,进而得到数据与因素关系的具体表达式。

5.5　本章小结

系统运动空间与系统映射论是空间故障树理论体系的第四部分,也是整个理论体系中抽象程度最高的研究部分。系统运动空间描述系统变化过程,系统映射论则是因素流与数据流之间的对应关系。本章主要论述了提出系统运动空间与系统映射论的起因;介绍了系统运动空间,以及系统映射论和人的智慧活动的关系;最后给出了相关内容的研究进展。系统映射论更接近于哲学思想,能解释一些哲学中的基本问题,是最具发展潜力和研究价值的部分。

第 6 章　研究总结与展望

6.1　研究总结

　　作者提出的空间故障网络理论能够描述和研究系统故障演化过程,但该理论体系仍然处于发展和试错阶段。从哲学角度来说,这种处于发展和试错的阶段可能永远不会停止。随着研究的深入,对于当前的系统而言,其内部必然存在子系统;而其本身又是其他系统的子系统。所有由于经历事件、影响因素、逻辑关系和演化条件的不同,系统本身的层级和特征也会发生变化。然而,处于不同层级的系统的经历事件、影响因素、逻辑关系和演化条件一般是不同的。由此可见,在不同层级的系统的特征是不同的,系统故障演化过程也是不同的。随着系统层级的提升或下降,研究的过程将持续进行。

　　幸运的是,从目前研究情况来看,虽然层级不同,但是系统及其演化过程的基本结构是名确定,这给系统故障演化过程研究带来了可能,从而形成具有针对性的数学描述方法和智能分析方法。作者提出的空间故障树理论体系,特别是其中的空间故障网络理论,这是一种描述系统故障演化过程的数学方法。作者也在努力融合先进智能理论,用于形成系统故障演化过程的智能分析方法。目前已研究取得了大量成果,本书是已有成果的集中展示。

　　(1)展示空间故障树理论基础的研究成果

　　本书论述了研究背景和意义、连续型空间故障树、离散型空间故障树以及数据挖掘方法等。从系统的结构上分析,连续型空间故障树是由内而外的,而离散型空间故障树是由外到内的。二者分析方法和解决问题的角度是相反的,具有互补性。根据研究需要,作者提出了一系列故障数据挖掘方法,形成了空间故障树理论体系的第一部分。

（2）展示智能化空间故障树理论的研究成果

本书提出了智能化空间故障树理论，用于描述故障大数据以及可靠和失效与影响因素的关系；同时，研究了系统可靠性结构及其变化特征，提出了系统功能结构分析理论；利用云模型对故障数据进行表示，并形成了云化空间故障树。研究表明，通过云模型和因素空间等理论使得空间故障树具备了逻辑推理能力和故障大数据表示能力，形成了空间故障树理论体系的第二部分。

（3）展示空间故障网络的已有研究成果和最新研究成果

本书阐述了利用空间故障网络研究系统故障演化过程的方法；同时，论述了利用量子方法和集对分析方法描述和研究系统故障演化过程，包括量子博弈的系统故障状态表示和故障过程分析、集对分析和空间故障网络的故障模式识别与特征分析、量子方法与系统安全分析等。研究表明，量子力学中的量子叠加态特别适合描述系统故障演化过程中的系统功能状态变化，形成了空间故障树理论体系的第三部分，也是目前的重点研究方向。

（4）展示系统运动空间与系统映射论的研究成果

研究表明，系统运动空间能够描述系统变化过程，而系统映射论则描述了因素流与数据流之间的对应关系。本书论述了系统运动空间与系统映射论的起因，介绍了系统运动空间及系统映射论和人的智慧活动的关系。系统映射论更接近于哲学，能够解释一些哲学中的基本问题，是空间故障树理论体系的第四部分，也是抽象程度最高的研究。

本书是空间故障树理论体系研究的关键节点内容。随着研究进展的不断深入，系统故障演化过程中表现出来的系统功能状态的变化更为丰富，这为研究拓展了方向，也为研究带来了困难。因此，本书引入了泛逻辑学、信息生态学，甚至量子力学的一些概念，以解决上述问题。这些研究已经取得了进展，本书内容就是这些进展的一部分，希望能启发读者的进一步思考和开拓思想。

6.2 研究展望

由于系统故障演化过程的特点，已有研究是难以适合的，即使作者提出的空间故障网络理论的原本内容也是难以胜任的，这是系统故障演化过程的特点导致的。由于系统故障演化过程在结构上可抽象为经历事件、影响因素、逻辑关系和演化条件，它们的内在作用和相互影响是极其复杂的，而在不同层面的系统的这些要素一般存在差异。这些使得演化过程产生多样性，导致研究困难。

在系统故障演化过程中，当演化还未进行或没有最终结果时，演化本体实际上是多种系统功能状态的叠加。一般情况下,将系统功能作为目标,描述系统功能情况可使用系统功能状态。然而,一般情况下的系统功能状态可分为可靠状态和失效状态,不存在一个系统的状态完全是可靠状态或是失效状态,往往是可靠状态和失效状态在某种形式上的叠加。当演化发展到某时刻时,人们才能具体确定系统的功能状态,或者表述为当对系统当前功能状态进行测量前,或者未来某时刻系统功能状态的预测,都是处于可靠和失效两种系统功能状态的叠加状态。这与量子力学的量子叠加态和状态塌缩的过程相同,也是将系统故障演化过程的研究转向量子力学理论的最初原因。

同样,系统故障演化过程中也存在着确定性和不确定性,矛盾性和飞矛盾性的问题。前者可使用集对分析的联系数模型进行研究,后者可使用可拓理论进行研究。当然,这些研究都是建立在空间故障树理论体系,特别是空间故障网络理论之中的,这些都是未来研究的重点方向,也是孕育理论成果的重点领域。

希望通过本书开拓安全科学基础理论的前沿发展,借助系统论、智能理论和各种智能算法实现对系统故障演化过程的研究;也希望通过书中介绍的内容开拓读者思考问题的方式,使读者能从新认识相关理论的内涵及其与先进理论的结合点,为后续研究中遇到的类似问题提供方法借鉴。

参 考 文 献

[1] 崔铁军,李莎莎.基于突变级数和改进 AHP 的系统故障状态等级确定方法[J].安全与环境工程,2022,29(3):23-28.

[2] 田恒,许荣斌,姜艳红,等.基于离散粒子群优化算法的多值属性系统故障诊断策略[J/OL].兵工学报,2022:1-8.(2022-05-23)[2022-06-03].http://kns.cnki.net/kcms/detail/11.2176.tj.20220523.1655.010.html.

[3] 陈晓东,张凯,王明凯,等.基于输入-状态稳定理论的双馈风力发电系统故障穿越控制方法[J].电工电能新技术,2022,41(5):35-44.

[4] 王华昕,黄兆,王杰,等.基于改进过压限制器和 ACDTS 的混联半波长系统故障保护策略[J/OL].2022:1-9.(2022-05-20)[2023-12-20].https://kns.cnki.net/kcms/detail/23.1202.TH.20220520.1925.010.html.

[5] 李娟莉,闫方元,梁思羽,等.基于卷积神经网络的矿井提升机制动系统故障诊断方法[J].太原理工大学学报,2022,53(3)524-530.

[6] 李英顺,周通,刘海洋,等.IGWO-SVM 在火控系统故障预测中的应用[J/OL].火炮发射与控制学报,2022:1-7.(2022-05-06)[2023-12-20].http://kns.cnki.net/kcms/detail/61.1280.TJ.20220506.1122.002.html.

[7] 余伟,江艳,张凡.间隙度量模式下的闭环系统故障诊断实现[J/OL].控制理论与应用,2022:1-9.(2022-04-29)[2022-06-03].http://kns.cnki.net/kcms/detail/44.1240.TP.20220429.1810.088.html.

[8] 盖文东,李珊珊,张桂林,等.动态事件触发的无人机非线性系统故障检测[J/OL].控制理论与应用,2022:1-9.(2022-04-29)[2022-06-03].http://kns.cnki.net/kcms/detail/44.1240.TP.20220429.1810.086.html.

[9] 崔铁军,李莎莎.基于 BQEA 的多因素影响下系统故障概率变化范围研究[J].安全与环境学报,2022,22(2):642-648.

[10] 王子赟,占雅聪,陈宇乾,等.基于多胞空间可行集滤波的噪声不确定切换

系统故障诊断[J].控制与决策,2023,38(7):1909-1917.

[11] 朱燕芳,闫磊,常康,等.基于深度卷积神经网络的电力系统故障预测[J/OL].电源学报,2022:1-14.(2022-03-28)[2022-06-03].http://kns.cnki.net/kcms/detail/12.1420.TM.20220328.1722.006.html.

[12] 孙哲,金华强,李康,等.基于知识数据化表达的制冷空调系统故障诊断方法[J/OL].化工学报,2022:1-22.(2022-03-23)[2022-06-03].http://kns.cnki.net/kcms/detail/11.1946.TQ.20220323.2235.006.html.

[13] 谢小良,成佳祺.疫苗冷链系统故障风险的概率安全分析[J/OL].系统科学与数学,2022:1-15.(2022-03-22)[2022-06-03].http://kns.cnki.net/kcms/detail/11.2019.o1.20220322.1029.002.html.

[14] 张鹏,束小曼,厉雪衣,等.基于LSTM的交流电机系统故障诊断方法研究[J].电机与控制学报,2022,26(3):109-116.

[15] 杜子学,蒋大卫,吴晶.跨座式单轨车载空调系统故障时间序列预测方法研究[J].重庆交通大学学报(自然科学版),2022,41(3):130-135.

[16] 刘天山,胡露骞,夏天,等.基于二叉树算法的水利信息化系统故障快速定位方法研究和实践[J/OL].中国农村水利水电,2022:1-12.(2022-03-11)[2022-06-03].http://kns.cnki.net/kcms/detail/42.1419.TV.20220311.1453.024.html.

[17] 陈书辉,章猛,刘辉,等.一种1D-CNN与多传感器信息融合的液压系统故障诊断方法[J].机械科学与技术,2023,42(5):715-723.

[18] 全睿,乐有生,李涛,等.基于门控循环单元神经网络的燃料电池系统故障监测[J].昆明理工大学学报(自然科学版),2022,47(2):65-74.

[19] 夏琳玲,王印松,刘萌,等.基于SimHydraulics的水轮机调速器电液随动系统故障仿真与分析[J].中国测试,2022,48(2):105-112.

[20] 王思华,王恬,周丽君,等.基于批标准化的堆叠自编码网络风电机组变桨系统故障诊断[J].太阳能学报,2022,43(2):394-401.

[21] 李海锋,许灿雄,梁远升,等.计及换流站控制特性的多端混合直流输电系统故障暂态计算方法[J/OL].中国电机工程学报,2022:1-12.(2022-02-24)[2022-06-03].http://kns.cnki.net/kcms/detail/11.2107.TM.20220224.1036.005.html.

[22] 王森,杨晓峰,李世翔,等.城市轨道交通直流自耦变压器牵引供电系统故障保护研究[J].电工技术学报,2022,37(4):976-989.

[23] 周登波,陆启凡,周勇,等.昆柳龙三端直流系统故障后断路器动作特性[J].南方电网技术,2022,16(2):34-40.

[24] 黄植,刘东,陈冠宏,等.基于事件驱动的配电信息物理连锁故障演化机理[J].电力工程技术,2022,41(3):2-13.

[25] 张晶晶,陈博进,吴佳瑜,等.交直流电力信息物理系统连锁故障演化模型及风险评估[J].电力自动化设备,2022,42(5):160-166.

[26] 刘依晗,王宇飞.新型电力系统中跨域连锁故障的演化机理与主动防御探索[J].中国电力,2022,55(2):62-72.

[27] 胡福年,陈灵娟,陈军.基于交流潮流的连锁故障建模与鲁棒性评估[J].电力系统保护与控制,2021,49(18):35-43.

[28] 崔铁军,李莎莎.系统故障演化过程最终事件状态及发生概率研究[J].中国安全科学学报,2021,31(8):1-7.

[29] 乔正阳,刘易成.一类具有切换拓扑和随机故障影响的集群演化模型分析[J].应用数学,2021,34(1):146-157.

[30] 李果,屈重年,刘旭焱,等.基于演化计算修正的神经网络故障预测方法[J].实验室研究与探索,2020,39(8):9-12.

[31] 王宇飞,李俊娥,刘艳丽,等.容忍阶段性故障的协同网络攻击引发电网级联故障预警方法[J].电力系统自动化,2021,45(3):24-32.

[32] 王佳霖,于群,曹娜,等.考虑节点静态电压稳定性的电网元胞自动机故障演化模型[J].智慧电力,2020,48(5):60-66.

[33] 陈晓坤,徐学岩,李阳,等.过电流故障演化过程及熔痕特征研究[J].西安科技大学学报,2020,40(3):393-399.

[34] 崔昊杨,周坤,张宇,等.电力设备多光谱图像融合及多参量影响的故障渐变规律演化预测研究[J].电网技术,2021,45(1):115-125.

[35] 徐红辉,王翀,范杰.基于故障状态演化的高速公路机电设备智能维护系统设计[J].现代电子技术,2019,42(24):112-115.

[36] 范海东,王玥,李清毅,等.基于稀疏故障演化判别分析的故障根源追溯[J].控制工程,2019,26(7):1239-1244.

[37] 万蔚,黄雨晨,王振华,等.突发状况下的道路网络故障演化分析:以通州市区道路网络为例[J].重庆交通大学学报(自然科学版),2019,38(11):14-20.

[38] 应雨龙,李靖超,庞景隆,等.基于热力模型的燃气轮机气路故障预测诊断研究综述[J].中国电机工程学报,2019,39(3):731-743.

[39] 王洁,康俊杰,周宽久.基于FPGA的故障修复演化技术研究[J].计算机工程与科学,2018,40(12):2120-2125.

[40] 方志耕,王欢,董文杰,等.基于可靠性基因库的民用飞机故障智能诊断网

络框架设计[J].中国管理科学,2018,26(11):124-131.

[41] 彭苑茹,刘勤明,吕文元,等.基于故障状态演化的租赁设备定周期多维护策略研究[J].工业工程,2018,21(5):57-63.

[42] 丁明,钱宇骋,张晶晶.考虑多时间尺度的连锁故障演化和风险评估模型[J].中国电机工程学报,2017,37(20):5902-5912.

[43] 马舒琪,刘澎,吕淑然,等.基于 ISM-DBN 的古建筑群火灾风险演化模型[J].安全与环境工程,2022,29(3):55-61.

[44] 宋英华,刘子奇,刘丹,等.基于模糊贝叶斯网络的化工园区火灾爆炸事故情景推演[J].安全与环境工程,2022,29(3):86-93.

[45] 程慧锦,丁浩.供应链企业社会责任治理决策研究:基于 SD-演化博弈分析法[J].运筹与管理,2022,31(5):14-22.

[46] 徐成司,董树锋,鲁斌,等.考虑城镇生长特性的区域能源网演化模型[J].电网技术,2023,47(2):529-538.

[47] 路冠平,李江平.基于复杂网络演化模型的新冠危机对经济冲击研究[J/OL].复杂系统与复杂性科学,2022:1-9.(2022-05-18)[2022-06-03].http://kns.cnki.net/kcms/detail/37.1402.N.20220518.1434.002.html.

[48] 胡彪,马俊.奖惩机制下铅蓄电池生产商实施 EPR 的演化博弈分析[J].安全与环境学报,2022,22(2):962-971.

[49] 刘阳,田军,周琨.重大突发疫情下公众情绪演化模型与引导策略研究[J].运筹与管理,2022,31(4):1-7.

[50] 陆晓敏,茅宁莹.基于演化博弈模型分析的重大新药创制专项绩效优化策略[J].科技管理研究,2022,42(8):173-181.

[51] 曹佳梦,官冬杰,黄大楠,等.重庆市生态风险预警等级划分及演化趋势模拟[J/OL].生态学报,2022(16):1-16.(2022-04-19)[2022-06-03].http://kns.cnki.net/kcms/detail/11.2031.q.20220419.1334.032.html.

[52] 丁锐,张宜琳,张婷,等.城市轨道交通网络演化对城市空间关联效应的影响研究[J].铁道运输与经济,2022,44(4):52-58.

[53] 霍鹏.知识密集型服务业空间集聚的动态演化及驱动因素[J].长江流域资源与环境,2022,31(4):770-780.

[54] 成连华,郭阿娟,郭慧敏,等.煤矿瓦斯爆炸风险耦合演化路径研究[J].中国安全科学学报,2022,32(4):59-64.

[55] 刘明义,涂志莹,徐晓飞,等.基于随机块模型的多层次服务生态系统演化分析[J].计算机学报,2022,45(4):798-811.

［56］张轩宇，陈曦，肖人彬.后真相时代基于敌意媒体效应的观点演化建模与仿真［J/OL］.复杂系统与复杂性科学，2022：1-14.（2022-04-13）［2022-06-03］.http://kns.cnki.net/kcms/detail/37.1402.n.20220413.1637.002.html.

［57］陶力军，王子欣，雷琪，等.一种基于多元物理场耦合的变压器故障演化评估模型［J］.现代电力，2022，39（5）：605-614.

［58］葛宇然，付强.基于时空联合学习的城市交通流短时预测模型［J］.计算机工程，2023，49（1）：270-278.

［59］李慧，胡吉霞，佟志颖.面向多源数据的学科主题挖掘与演化分析［J/OL］.数据分析与知识发现，2022：1-16.（2022-03-21）［2022-06-03］.http://kns.cnki.net/kcms/detail/10.1478.G2.20220321.1647.004.html.

［60］贾芳菊，周坤，李廉水.突发公共卫生事件协同防控策略的随机演化决策分析［J/OL］.中国管理科学，2022：1-13.（2022-04-05）［2022-06-03］.DOI：10.16381/j.cnki.issn1003-207x.2020.2078.

［61］郑玉馨，胡志华.考虑信息诱导的随机均衡交通流逐日演化模型［J］.公路交通科技，2022，39（3）：133-142.

［62］黄小光，王志强，张典豪，等.一种低周疲劳损伤演化模型及裂纹成核缺口敏感性分析［J］.船舶力学，2022，26（3）：391-399.

［63］李强.铁路信号设备集中诊断及智能分析系统的功能需求及测试方案［J］.科学技术创新，2022（12）：193-196.

［64］刘婷，张社荣，王超，等.基于BERT-BiLSTM混合模型的水利施工事故文本智能分析［J/OL］.水力发电学报，2022：1-13.（2022-03-03）［2022-06-03］.http://kns.cnki.net/kcms/detail/11.2241.TV.20220303.1734.002.html.

［65］宿星会，张宝国，吴家伟，等.基于神经网络的电厂磨煤机运行状态智能分析技术［J］.电子设计工程，2022，30（1）94-98.

［66］王俊淞，段斌，吴万波，等.水电工程智能安全管控系统建设方案研究［J］.中国安全科学学报，2021，31（增刊1）：96-102.

［67］李刚，卢佩玲.基于数据驱动的高速铁路信号智能运维技术研究［J］.铁道运输与经济，2021，43（10）：61-67.

［68］陈培珠，陈国华，周利兴，等.化工园区多Agent协同应急智能决策体系［J］.化工进展，2021，40（8）：4656-4665.

［69］闫家伟，张苗，宋文华.智能视频分析技术在火灾防控中的应用［J］.南开大学学报（自然科学版），2021，54（3）：108-112.

[70] 齐庆杰,刘文岗,李首滨,等.煤矿事故隐患消除科技支撑对策研究[J].煤炭科学技术,2021,49(4):20-27.

[71] 陈梓华,马占元,李敬兆.基于 RNN 的煤矿安全隐患信息关键语义智能提取系统[J].煤炭工程,2021,53(3):185-189.

[72] 孙继平,余星辰.基于声音识别的煤矿重特大事故报警方法研究[J].工矿自动化,2021,47(2):1-5.

[73] 张建刚.人工智能技术船舶海上交通冲突自动预警方法分析[J].舰船科学技术,2021,43(2):46-48.

[74] 张晓华,徐伟,吴峰,等.交直流混联电网连锁故障特征事件智能溯源及预测方法[J].电力系统自动化,2021,45(10):17-24.

[75] 吕金壮,王奇,张晗,等.基于状态评估的直流主设备智能分析系统的研制[J].高压电器,2015,51(8):92-97.

[76] 王翔,代飞,高维忠,等.基于集合运算和组合式模糊条件的电力通信网故障定位[J].电力系统自动化,2014,38(24):114-118.

[77] 陈驰.基于用电信息采集系统的运行电表故障智能分析[J].电测与仪表,2014,51(15):18-22.

[78] 张剑,戴则梅,张勇,等.应用于集控中心的智能分析与故障告警系统[J].中国电机工程学报,2013,33(增刊 1):106-111.

[79] 夏可青,陈根军,李力,等.基于多数据源融合的实时电网故障分析及实现[J].电力系统自动化,2013,37(24):81-88.

[80] 范洁,陈霄,周玉.基于用电信息采集系统的电能计量装置异常智能分析方法研究[J].电测与仪表,2013,50(11):4-9.

[81] 刘秋江,黄志光,李维.基于数据挖掘的一流调度智能信息分析与综合决策系统建设探讨[J].华东电力,2013,41(1):73-76.

[82] 赵保平,王文忠,关世义.飞行器振动智能分析与诊断[J].宇航学报,1997,18(2):24-29.

[83] 崔铁军,马云东.空间故障树的径集域与割集域的定义与认识[J].中国安全科学学报,2014,24(4):27-32.

[84] 崔铁军,马云东.多维空间故障树构建及应用研究[J].中国安全科学学报,2013,23(4):32-37.

[85] 崔铁军,马云东.基于多维空间事故树的维持系统可靠性方法研究[J].系统科学与数学,2014,34(6):682-692.

[86] 崔铁军,马云东.因素空间的属性圆定义及其在对象分类中的应用[J].计算机工程与科学,2015,37(11):2169-2174.

[87] 李莎莎,崔铁军,马云东.基于合作博弈-云化 AHP 的地铁隧道施工方案选优[J].中国安全生产科学技术,2015,11(10):156-161.

[88] 崔铁军,马云东.基于 SFT 理论的系统可靠性评估方法改造研究[J].模糊系统与数学,2015,29(5):173-182.

[89] 李莎莎,崔铁军,马云东.基于空间故障树理论的系统可靠性评估方法研究[J].中国安全生产科学技术,2015,11(6):68-74.

[90] 王峰,崔铁军.01SFT 中逐条分析法的系统因素结构反分析[J].中国安全科学学报,2015,25(6):51-56.

[91] 崔铁军,马云东.系统可靠性决策规则发掘方法研究[J].系统工程理论与实践,2015,35(12):3210-3216.

[92] 崔铁军,马云东.基于不完全维修的可修系统平均故障次数研究[J].系统工程理论与实践,2016,36(1):184-188.

[93] 崔铁军,马云东.连续型空间故障树中因素重要度分布的定义与认知[J].中国安全科学学报,2015,25(3):23-28.

[94] 崔铁军,马云东.考虑范围属性的系统安全分类决策规则研究[J].中国安全生产科学技术,2014,10(11):5-9.

[95] 崔铁军,马云东.考虑人因失误和状态检修的事故链式模型研究[J].中国安全科学学报,2014,24(8):37-42.

[96] 崔铁军,马云东.基于因素空间中属性圆对象分类的相似度研究及应用[J].模糊系统与数学,2015,29(6):56-63.

[97] 崔铁军,马云东.基于因素空间的煤矿安全情况区分方法的研究[J].系统工程理论与实践,2015,35(11):2891-2897.

[98] 李莎莎,崔铁军,马云东.基于云模型的变因素影响下系统可靠性模糊评价方法[J].中国安全科学学报,2016,26(2):132-138.

[99] 李莎莎,崔铁军,马云东,等.SFT 下的云化故障概率分布变化趋势研究[J].中国安全生产科学技术,2016,12(3):60-65.

[100] 崔铁军,马云东.SFT 下元件区域重要度定义与认知及其模糊结构元表示[J].应用泛函分析学报,2016,18(4):413-421.

[101] 崔铁军,马云东.离散型空间故障树构建及其性质研究[J].系统科学与数学,2016,36(10):1753-1761.

[102] 崔铁军,汪培庄,马云东.01SFT 中的系统因素结构反分析方法研究[J].系统工程理论与实践,2016,36(8):2152-2160.

[103] 崔铁军,李莎莎,马云东,等.SFT 下云化因素重要度和因素联合重要度的实现与认识[J].安全与环境学报,2017,17(6):2109-2113.

[104] 李莎莎,崔铁军,马云东,等.基于包络线的云相似度及其在安全评价中的应用[J].安全与环境学报,2017,17(4):1267-1271.

[105] 崔铁军,李莎莎,马云东,等.不同元件构成系统中元件维修率分布确定[J].系统科学与数学,2017,37(5):1309-1318.

[106] 李德毅,刘常昱.论正态云模型的普适性[J].中国工程科学,2004,6(8):28-34.

[107] 李德毅,邸凯昌,李德仁,等.用语言云模型发掘关联规则(英文)[J].软件学报,2000,11(2):143-158.

[108] 陈昊,李兵.基于逆向云和概念提升的定性评价方法[J].武汉大学学报(理学版),2010,56(6):683-688.

[109] TAO H Q, HAN G J, ZOU M. The system analysis of solar inverter based on network controlling[C]//2010 International Conference on Challenges in Environmental Science and Computer Engineering. March 6-7,2010. Wuhan,China.[s. l.]:IEEE,2010:243-246.

[110] TOLONE W J,JOHNSON E W,LEE S W,et al. Enabling system of systems analysis of critical infrastructure behaviors[M]//Lecture Notes in Computer Science. Berlin:Springer,2009:24-35.

[111] DANG Y Z. A transfer expansion method for structural modeling in systems analysis[J]. Trans of system engineering,1998,13(1):66-74.

[112] LU Z,YU Y,WOODMAN N,et al. A theory of structural vulnerability [J]. The structural engineer,1999,77(18):17-24.

[113] AGARWAL J, BLOCKLEY D, WOODMAN N. Vulnerability of 3-dimensional trusses[J]. Structural safety,2001,23(3):203-220.

[114] 卜文绍,祖从林,路春晓.考虑电流动态的无轴承异步电机解祸控制策略[J/OL].控制理论与应用, 2015:1-7. (2015-01-15)[2022-06-03]. http://www. cnki. net/kcms/detail/44. 1240. TP. 20150115. 1603. 016. html.

[115] 李叶林,马飞,耿晓光.双缓冲腔环形间隙对凿岩机缓冲系统动态特性的影响[J/OL].北京科技大学学报,2014:1-7. (2014-12-29)[2022-06-03]. http://www. cnki. net/kcms/detail/j. issn1001-053x. 2014. 12. 015. html.

[116] 李明辉,夏靖波,陈才强,等.一种新的含可达影响因子的系统结构分析算法[J].北京理工大学学报,2012,32(2):135-140.

[117] 李明辉,夏靖波,陈才强,等.通信网络系统结构分析[J].北京邮电大学学报,2012,35(3):38-41.

[118] 王辉,肖建.基于多分辨率分析的模糊系统结构辨识算法[J].系统仿真学报,2004,16(8):1630-1633.

[119] 李莎莎,崔铁军.基于故障模式的 SFN 中事件重要性研究[J].计算机应用研究,2021,38(2):444-446.

[120] 崔铁军,李莎莎.安全科学中的故障信息转换定律[J].智能系统学报,2020,15(2):360-366.

[121] 崔铁军.系统故障演化过程描述方法研究[J].计算机应用研究,2020,37(10):3006-3009.

[122] 崔铁军,汪培庄.空间故障树与因素空间融合的智能可靠性分析方法[J].智能系统学报,2019,14(5):853-864.

[123] 崔铁军,李莎莎.空间故障树与空间故障网络理论综述[J].安全与环境学报,2019,19(2):399-405.

[124] 崔铁军,李莎莎,朱宝艳.含有单向环的多向环网络结构及其故障概率计算[J].中国安全科学学报,2018,28(7):19-24.

[125] 李莎莎,崔铁军.空间故障网络中单向环转化与事件发生概率计算[J].安全与环境学报,2020,20(2):457-463.

[126] 李莎莎,崔铁军.基于空间故障网络的系统故障发生潜在可能性研究[J].计算机应用研究,2021,38(1):97-100.

[127] 崔铁军,李莎莎.少故障数据条件下 SFEP 最终事件发生概率分布确定方法[J].智能系统学报,2020,15(1):136-143.

[128] 崔铁军,李莎莎.空间故障网络的柔性逻辑描述[J/OL].智能系统学报,2021:1-8.(2021-05-29)[2022-06-03].http://kns.cnki.net/kcms/detail/23.1538.TP.20200714.1022.010.html.

[129] 崔铁军,李莎莎.SFEP 文本因果关系提取及其与 SFN 转化研究[J].智能系统学报,2020,15(5):998-1005.

[130] 崔铁军,李莎莎.空间故障网络中边缘事件结构重要度研究[J].安全与环境学报,2020,20(5):1705-1710.

[131] 崔铁军.空间故障网络理论与系统故障演化过程研究[J].安全与环境学报,2020,20(4):1255-1262.

[132] 崔铁军,李莎莎.SFN 结构化表示中事件的柔性逻辑处理模式转化研究[J].应用科技,2020,47(6):36-41.

[133] 崔铁军,李莎莎.针对不同故障数据特征的 SFN 最终事件发生概率计算方法研究[J].系统科学与数学,2020,40(11):2151-2160.

[134] 王龙,王靖,武斌.量子博弈:新方法与新策略[J].智能系统学报,2018,

3(4):294-304.

[135] 陈汉武.量子信息与量子计算简明教程[M].南京:东南大学出版社,2006.

[136] 崔铁军,李莎莎.以系统可靠性为目标的系统运动动力、表现与度量研究[J].安全与环境学报,2021,21(2):529-533.

[137] 崔铁军,李莎莎.系统故障因果关系分析的智能驱动方式研究[J/OL].智能系统学报,2021:1-6.(2021-01-29)[2022-06-03].https://kns.cnki.net/kcms/detail/23.1538.TP.20210129.1505.002.html.

[138] 崔铁军,李莎莎.系统可靠-失效模型的哲学意义与智能实现[J].智能系统学报,2020,15(6):1104-1112.

[139] 崔铁军,李莎莎.线性熵的系统故障熵模型及其时变研究[J/OL].智能系统学报,2021:1-7.(2020-11-06)[2021-05-29].http://kns.cnki.net/kcms/detail/23.1538.TP.20201106.0947.002.html.

[140] 崔铁军,李莎莎.人工智能系统故障分析原理研究[J/OL].智能系统学报,2021:1-7.(2020-07-20)[2021-05-29].http://kns.cnki.net/kcms/detail/23.1538.TP.20200720.1629.004.html.

[141] 崔铁军,李莎莎.基于因素空间的人工智能样本选择策略研究[J/OL].智能系统学报,2020:1-7.(2020-07-20)[2022-06-03].https://kns.cnki.net/kcms/detail/23.1538.TP.20200720.1730.006.html.

[142] 崔铁军,李莎莎.系统运动空间与系统映射论的初步探讨[J].智能系统学报,2020,15(3):445-451.

[143] 李兴森,许立波,刘海涛.面向问题智能处理的基元-因素空间模型研究[J].广东工业大学学报,2019,36(1):1-9.

[144] 汪培庄.因素空间理论:机制主义人工智能理论的数学基础[J].智能系统学报,2018,13(1):37-54.

[145] 孟凡生,赵刚.传统制造向智能制造发展影响因素研究[J].科技进步与对策,2018,35(1):66-72.

[146] 汪华东,汪培庄,郭嗣琮.因素空间中改进的因素分析法[J].辽宁工程技术大学学报(自然科学版),2015,34(4):539-544.

[147] 汪培庄,郭嗣琮,包研科,等.因素空间中的因素分析法[J].辽宁工程技术大学学报(自然科学版),2014,33(7):865-870.

[148] 钟义信.人工智能范式的革命与通用智能理论的创生[J].智能系统学报,2021,16(4):792-800.

[149] 钟义信."范式变革"引领与"信息转换"担纲:机制主义通用人工智能的理

论精髓[J].智能系统学报,2020,15(3):615-622.

[150] 钟义信.机制主义人工智能理论:一种通用的人工智能理论[J].智能系统学报,2018,13(1):2-18.

[151] 钟义信,张瑞.信息生态学与语义信息论[J].图书情报知识,2017(6):4-11.

[152] 钟义信.从"机械还原方法论"到"信息生态方法论":人工智能理论源头创新的成功路[J].哲学分析,2017,8(5):133-144.